一网打尽家居生活小智慧，不可不知的居家生活窍门，
生活妙计全部囊括！招招有效，让你轻松搞定家务事，整理出好心情。

生活聪明王的
居家智慧

刘旭升　主编

U0309793

江苏凤凰科学技术出版社　　凤凰含章

图书在版编目（CIP）数据

生活聪明王的居家智慧 / 刘旭升主编 . -- 南京：
江苏凤凰科学技术出版社，2015.5
（含章·生活＋系列）
ISBN 978-7-5537-4269-4

Ⅰ.①生… Ⅱ.①刘… Ⅲ.①家庭生活－基本知识
Ⅳ.① TS976.3

中国版本图书馆 CIP 数据核字 (2015) 第 054572 号

生活聪明王的居家智慧

主 编	刘旭升	
责 任 编 辑	樊 明	葛 昀
责 任 监 制	曹叶平	周雅婷

出 版 发 行	凤凰出版传媒股份有限公司
	江苏凤凰科学技术出版社
出版社地址	南京市湖南路 1 号 A 楼，邮编：210009
出版社网址	http://www.pspress.cn
经 销	凤凰出版传媒股份有限公司
印 刷	北京旭丰源印刷技术有限公司

开 本	718mm×1000mm 1/16
印 张	14
字 数	160千字
版 次	2015年5月第1版
印 次	2015年5月第1次印刷

标 准 书 号	ISBN 978-7-5537-4269-4
定 价	35.00元

图书如有印装质量问题，可随时向我社出版科调换。

CONTENTS 目录

CHAPTER 01
幸福就从清洁开始

CHAPTER 02
美容健身的智慧

CHAPTER 03
来自生活的创意

CHAPTER 04

垃圾变 "黄金"

CHAPTER 05

爱的秘密收纳

CHAPTER 06
井然有序的会客厅

CHAPTER 07
美食加工厂

CHAPTER 08
整齐清爽"黄金"屋

CHAPTER 09
零星物品的收纳

CHAPTER 10
食材处理大挑战

CHAPTER 11
巧手烹调秘诀

CHAPTER 12
厨具清洁妙妙妙

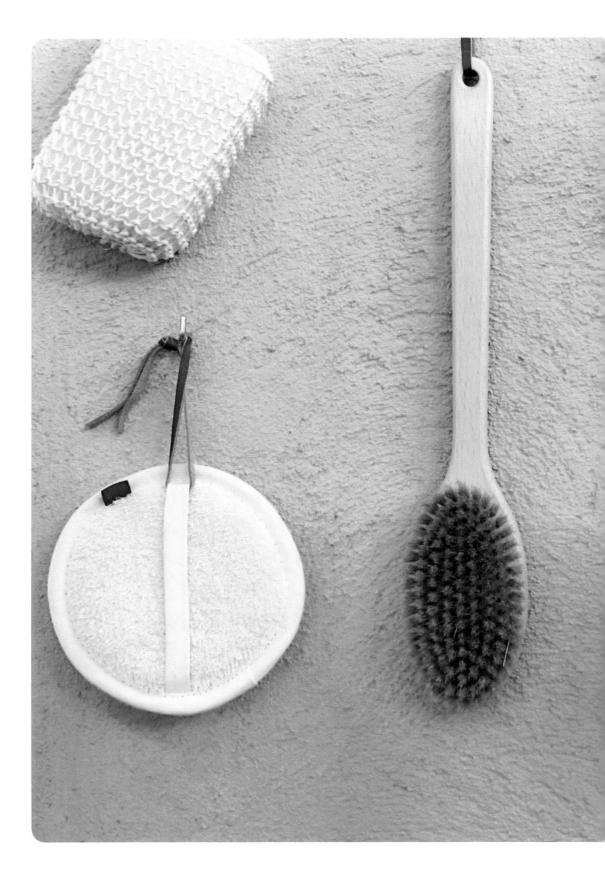

CHAPTER
01

幸福
就从清洁
开始

清除衣服上的毛絮

有些面料的衣服总会沾上毛絮，清洁起来费时又伤衣料。有没有省时又省力的方法可以去除这些毛絮呢？

1 海绵浸水后拧干，轻轻擦拭沾满毛絮的衣服，清除衣服表面的杂物。

2 然后，用修眉刀在衣服上轻轻刮过，则可以轻松地去除大部分小毛絮。

3 用电动刮胡刀将衣服清理一遍，可以把小毛球及毛发清理掉。

巧洗白色衣服

　　许多人喜欢穿白色衣服，男士的衬衫也以白色居多，但白色的衣服清洗起来却有一定的难度。现在，你可以试试以下方法。

步骤 Steps

1 在温水中加入适量的洗涤剂，将白色衣服单独放入，在较脏的地方倒一点衣物柔顺剂。

2 浸泡10~20分钟后，轻轻搓洗，注意要仔细搓洗领口和袖口。

3 用清水漂洗时，在水中加入少量牛奶，这样清洁起来更加容易。

4 洗完后，将衣服挂在阴凉、有风的地方晾干即可。

巧洗真丝衣服

真丝衣服一般质地轻而柔软，洗涤时真丝面料的强度会降低，很容易受到损坏。因此，洗真丝衣服时要特别小心。

1 洗涤前，在衣角选一个不明显的地方清洗，试一下衣服是否褪色。

2 在冷水中倒入少量中性洗涤剂，将衣服放入水中浸泡5～10分钟，然后再轻轻摇动洗涤。

3 如希望衣服柔软，可在漂洗后，在清水中加入衣物柔顺剂再次浸泡。

4 将衣服拿出铺在浴巾上，并慢慢卷起，吸掉大部分水分后，再晾晒。

清除陈旧咖啡渍

衣服被洒上咖啡后不未时清洗，导致留下的咖啡渍变成了陈旧污渍，很难清洗净。但如果运用一点小窍门，陈旧咖啡渍同样可以清除。

步骤 Steps

1 首先，准备适量的甘油和蛋黄，并将其轻轻搅拌成混合溶液。

2 然后，用牙刷将混合溶液涂于衣服的污渍处，置于阴凉处稍稍晾干。

3 将晾干的衣服用清水冲洗1～2遍，就可去除陈旧的咖啡渍了。

去除织物上的牛奶渍

刚沾到牛奶渍的织物，可立即用冷水搓洗干净。如果是陈旧牛奶渍，可用洗涤剂刷洗。这里教给大家一个去除柔软织物上牛奶渍的窍门。

步骤 Steps

1 取等量的甘油和热水进行混合，轻轻搅拌，将织物浸泡在溶液中。

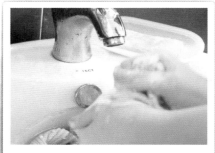

2 待织物浸泡3～5分钟，污渍化开时，再用手轻轻搓洗。

3 最后用清水将织物清洗干净，即可将污渍全部去除。

丝袜的清洗方法

丝袜是女性朋友的必备物品之一。丝袜穿起来美，却难保养。正确的洗涤方法可以延长丝袜的寿命，何不一起来学习清洗丝袜的方法呢?

步骤
Steps

1　准备一瓶中性洗涤剂，因为碱性的洗涤剂容易腐蚀丝袜的纤维组织结构。

2　将丝袜浸泡在加有中性洗涤剂的水中，浸泡3～5分钟。

3　用手轻轻揉搓丝袜，反复搓洗后，再用清水冲洗干净。

4　最后将丝袜悬挂在通风干燥处晾干，避免阳光直接照射。

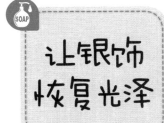

让银饰恢复光泽

银饰使用久了，容易氧化变黑。如何使得银饰恢复光泽？用牙膏清洁是一个简便有效的办法，具体步骤如下。

1 选择软毛刷一个，注意一定不要使用那种毛很硬、很粗的刷子。

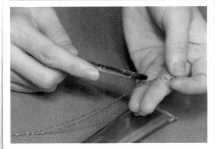

2 将毛刷蘸点牙膏擦拭银饰，不要使用有颗粒的牙膏，以免在银饰上留下痕迹。

3 用水冲干净，观察银饰是否已经恢复原有光泽。可重复擦拭。

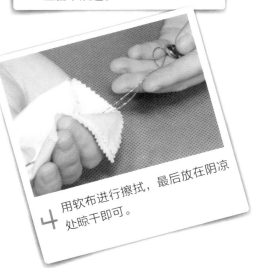

4 用软布进行擦拭，最后放在阴凉处晾干即可。

清除衣服上的蜡油

不小心将蜡烛油滴在衣服上了，
要怎样处理呢？

步骤
Steps

1 将衣服放在桌上摊平，在滴有蜡油的地方覆盖上面巾纸。

2 用熨斗在覆盖面巾纸的地方熨烫，蜡油会慢慢熔化，并且黏附在面巾纸上。

3 最后用清水进行漂洗，衣服上的蜡油就会被清除干净。

清洗布娃娃

布娃娃很容易沾染灰尘，清洗起来也不方便，而且很费时间。因此，在洗涤时要注意方法和选择适当的洗涤用品。

步骤 Steps

1 首先，将宝宝用的沐浴乳加入温水中稀释成清洁剂。

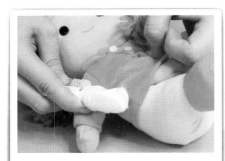

2 用一块小纱布包在牙刷外面，用牙刷头蘸清洁剂顺着布娃娃的毛绒轻轻擦拭。

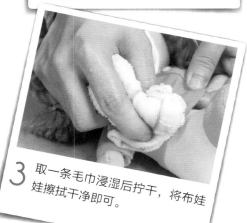

3 取一条毛巾浸湿后拧干，将布娃娃擦拭干净即可。

清理白皮鞋

白皮鞋清洁起来比较困难，对白皮鞋的保养考验着你的耐心和智慧。不妨试试以下小窍门，让你尽情穿出美丽，无后顾之忧。

步骤 Steps

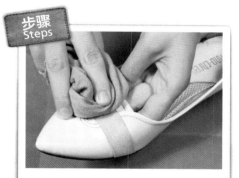

1　用一块湿布将皮鞋表面的灰尘擦拭掉。

2　用橡皮将湿布清不掉的污渍轻轻擦拭，污渍深的地方多擦几次。

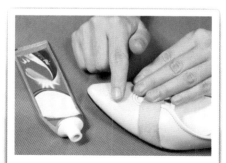

3　在橡皮也擦不掉的污渍处，涂上薄薄的牙膏，然后用抹布擦。

4　擦干净后涂上鞋油，再用蜡纸进行擦拭后放在阴凉通风处干燥即可。

处理淋湿后的皮鞋

皮鞋被雨水浸湿后很容易变形，皮质也会遭到严重损伤。此时可以用以下方法处理淋湿后的皮鞋。

步骤
Steps

1 把干净的布用水蘸湿后拧干，轻轻擦拭鞋子上沾有污泥的地方。

2 再取一块干净的干棉布轻轻将皮鞋上的水分擦干。

3 然后将报纸或纸巾揉成团，放入鞋中吸干水分。

4 刷上鞋油后，将鞋跟下面垫上筷子，把皮鞋放在通风的地方。

SOAP

擦亮黑皮鞋的诀窍

黑皮鞋是男士必备的生活物品之一，整洁的衣着需要一双光亮皮鞋的衬托。而人们往往会忽视对皮鞋的清洁保养。

步骤
Steps

1　清除皮鞋上的灰尘，挤上鞋油，用刷子将鞋油均匀地擦遍整个鞋面、鞋跟处。

2　在皮鞋上滴上1~2滴白醋，然后用刷子轻轻地擦拭一遍，放到阴凉处晾干。

3　约15分钟后，再用丝袜进行擦拭，这样擦出来的黑皮鞋会格外地亮。

清洗铂金的窍门

铂金饰品很受人们的喜爱，其保养的一个要点即是要掌握清洁的方法。铂金的清洁方法和水晶有很多相似之处。

步骤 Steps

1 将铂金首饰放入首饰清洗液或弱酸性洗涤剂中浸泡5分钟左右。

2 待首饰上的污垢被软化后取出，用一把细软的毛刷轻轻地洗刷。

3 将洗好的首饰用清水冲洗干净，以免残留的清洗液腐蚀首饰。

4 最后用干的软布将首饰上的水擦干，放在通风处晾一会儿即可。

清洁
保养玉器
配饰

玉器配饰因长期与人体接触，会受到侵蚀，使外层受损，影响原本的鲜艳度。尤其是翡翠、羊脂白玉，更忌接触汗液和油脂。

步骤
Steps

1 将玉器取下，并用干净、柔软的白布将杂质或汗液擦掉。

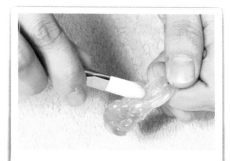

2 对于一些较难去除的污垢，可以用软毛刷辅助清洁。

3 如果有油渍附于玉面，应以温和的肥皂水刷洗，再用清水冲干净。

4 暂时不用的玉器配饰，最好放进首饰盒内存放，以免刮痕或碰损。

巧洗化妆包

当很多人同时在化妆室补妆时，若拿出一个脏兮兮的化妆包，肯定会让人无比尴尬。下面就教你一个轻松清洗化妆包的方法。

步骤 Steps

1 将少量洗衣粉溶解成洗涤液。

2 将化妆包放入洗涤液中，浸泡5分钟左右。

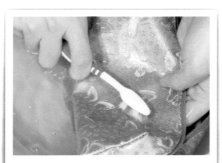

3 用牙刷轻刷化妆包的表面，污渍深的地方稍微用力一点。

4 最后再用清水清洗干净，放在阴凉通风处晾干即可。

化妆棉
清洁
电话机

电话机是每天都会用到的通讯工具，但清洁起来很不容易。平时用于清洁皮肤的化妆棉，也是清洁电话机的好帮手。

步骤
Steps

1 准备好化妆棉和化妆水。无论化妆水中是否含酒精，都有清洁功能。

2 用化妆棉蘸化妆水擦拭电话机，特别注意平时不易清洁到的缝隙处。

3 用干抹布将电话机擦干即可。这种方法也适用于擦遥控器。

4 擦干净后，用化妆棉再擦一次，以免化妆水的水垢留在电话机上。

如何清洁电视机

电视机是家用电器之一，维护和保养得当可以延长其使用寿命。

步骤 Steps

1 发现电视机上有灰尘后，先将软布或小毛巾在清水中浸湿。

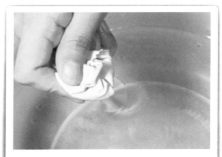

2 将洗涤剂倒入水中，将毛巾浸湿后用力挤干，再蘸点洗涤剂。

3 然后擦拭电视机外壳及屏幕，重复擦拭多次，直至干净为止。

4 最后拿一条干抹布，将电视屏幕及外壳擦干净即可。

小苏打粉清洁计算机键盘

每天都在使用的计算机键盘上面会附着不少的污垢。这些污垢多是灰尘、手印与食物残渣造成的。

步骤
Steps

1 准备4大匙的小苏打粉、250毫升水、抹布与卫生纸。

2 将小苏打粉溶于水中，搅拌均匀，制成混合清洁液。

3 用抹布蘸适量清洁液，小心地擦拭计算机键盘上的污垢。

4 擦拭完后，再用卫生纸或干抹布将键盘上的水分擦干即可。

清洁烟灰缸的烟垢

　　烟灰缸用久之后，就会产生一层烟垢，很难清除。有没有简单的除烟垢的方法呢？

1　将清水到入盆中，再将少许食用醋倒入盆内，然后将一小块海绵浸泡在醋中。

2　用海绵用力擦洗烟灰缸，尤其是有烟垢的地方，用清水冲净即可。

用盐去除茶垢

　　茶壶和茶杯使用久了，就会出现茶垢。茶垢不仅看起来脏，还会直接影响人体的健康。

1　先将茶杯用清水洗干净，在内侧涂上食用盐，特别是有茶垢的地方。

2　然后用牙刷用力地刷洗茶杯，最后再用清水冲洗干净即可。

去除
电热水瓶
水垢

电热水瓶使用一段时间后，底部及瓶壁就会沉积一层水垢，要快速有效地去除水垢，就用醋吧！

步骤
Steps

1 先在电热水瓶内倒入八九分满的冷水。

2 将适量的醋倒入热水瓶中，然后将水煮沸，醋中含有的醋酸能有效去除水垢。

3 切断电源后，放置1小时左右，把电热水瓶里面的水倒出。

4 最后用海绵刷进行擦拭，即可轻松擦掉水垢，彻底清洁电热水瓶。

清洁花瓶的妙法

花瓶用久之后，不仅外部会沾上灰尘，里面也会产生一些滑腻的污渍，影响美观。如何对其进行有效的清洁呢？

步骤 Steps

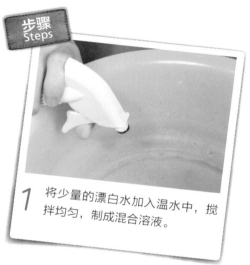

1 将少量的漂白水加入温水中，搅拌均匀，制成混合溶液。

2 将花瓶直接浸泡在溶液中，约40分钟后用清水洗净即可。

3 如果是雕花的花瓶，可用小刷子蘸柠檬汁刷洗雕纹部分。

橘子皮擦不锈钢制品

橘子皮在日常生活中的用途很广。用橘子皮来擦洗不锈钢制品，不仅可防止出现擦伤伤痕，还能使不锈钢制品显得格外干净明亮。

步骤 Steps

1 准备几个新鲜的橘子，剥下橘子皮。

2 用橘子皮蘸少许去污粉擦拭不锈钢制品。若橘子皮碎裂可更换新橘子皮。

3 擦完后用清水冲干净，如果还有残留污渍，可反复擦拭直到擦净为止。

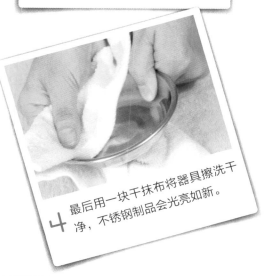

4 最后用一块干抹布将器具擦洗干净，不锈钢制品会光亮如新。

小苏打粉清洁铁窗

在清洁铁窗时，如果直接用布擦拭，很难清除铁窗内的污垢。若在擦拭时加入一些小苏打粉，就能很快将污垢清除。

步骤 Steps

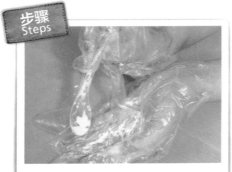

1 戴上塑料手套后，在手掌中倒入适量的小苏打粉。

2 将沾有小苏打粉的手指伸入窗缝内，并且来回地进行擦拭。

3 脱去手套后，再用抹布用力地将窗子缝隙擦拭一遍。

4 擦好后用水将窗子缝隙冲洗干净，再用棉布擦干即可。

去除马桶的顽垢

马桶使用的时间长了，马桶壁上就会积存污垢，清除起来麻烦又费时。只要使用醋和小苏打粉，就可轻松去除污垢以及排泄物造成的黄垢。

步骤 Steps

1 准备2大匙小苏打粉、1杯醋。将醋倒入马桶中，静置2～3小时。

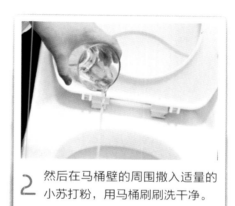

2 然后在马桶壁的周围撒入适量的小苏打粉，用马桶刷刷洗干净。

3 最后再用清水冲洗，马桶就变得很干净了。

清除雨伞污垢

雨伞用久之后，伞面产生很多污垢，清洁起来也很费力。特别是在伞布折痕的地方，往往会出现一道难看的黑色印痕。如何才能有效地清除呢？

步骤
Steps

1 准备1小块橡皮、1个软刷、1把旧牙刷和1块肥皂。

2 将雨伞打开放好。

3 将肥皂浸在水中，然后使用旧牙刷将肥皂调成混合的洗涤液。

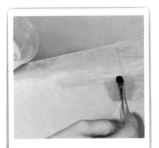

4 用软刷蘸上洗涤液轻轻刷洗雨伞布，最好两面都清洗。

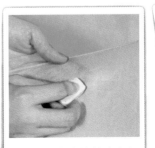

5 再用橡皮擦拭伞布折痕处的黑色印痕，雨伞便彻底变干净了。

6 用清水将雨伞冲洗干净，用干抹布擦干并放在通风处晾干。

毛发一扫而光

地板上总会掉落很多毛发，看着碍眼，打扫起来也不方便。只要将透明胶带贴在扫把上，扫地的时候就能轻松解决这个烦恼。

步骤 Steps

1 首先准备一卷宽的透明胶带，用剪刀剪出几块和扫把同样大小的胶带。

2 然后将透明胶带反贴在扫把上，多贴几条，固定牢固。

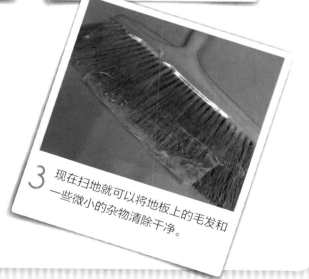

3 现在扫地就可以将地板上的毛发和一些微小的杂物清除干净。

柠檬清洁门把手

柠檬含有分解污垢的成分，煮出的汁液可代替清洁剂来使用。用柠檬自制的清洁剂，方便省钱，而且效果不比外面购买的清洁剂差。

步骤 Steps

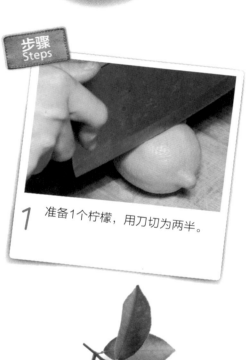

1 准备1个柠檬，用刀切为两半。

2 然后将柠檬在空气中放置1分钟左右，可清除空气中的异味。

3 用柠檬擦拭门把手，不但能去除污垢，还能使空气中留有清香。

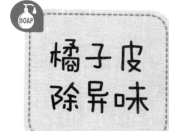

橘子皮除异味

家里有异味怎么办？那就用橘子皮自制空气清新剂清除空气中的异味，简单易行！

步骤 Steps

1 准备几个新鲜橘子，剥皮（也可收集干燥的橘子皮）切末。

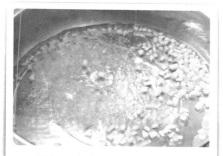

2 将橘子皮末放入锅中，加入400毫升左右的水，煮15分钟。

3 煮好后，冷却5分钟左右，再用纱布进行过滤，留下橘子水。

4 将滤出的橘子水装入喷壶，直接喷洒在家中有异味的地方即可。

CHAPTER
02

美容
健身的
智慧

泡橘子皮水除脚臭

劳累了一天，脚上难免有难闻的味道，这是由于脚出汗滋生细菌所引起的。用橘子皮水泡脚就能去除烦人的脚臭。

步骤
Steps

1 在洗脚盆中装入适量温水，并准备一些橘子皮。

2 在盆中加入几块橘子皮，每片都要被充分浸泡。

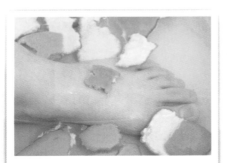

3 然后将脚放入橘子皮水中浸泡10分钟左右，就可去除脚臭。

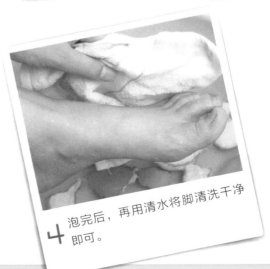

4 泡完后，再用清水将脚清洗干净即可。

扭伤脚后巧处理

走路不小心，脚很容易就扭伤或拉伤韧带。这时，应尽量防止因局部出血而形成的血肿，并设法减轻局部肿胀，缓解疼痛。

步骤 Steps

1 首先用冰水将扭伤的脚冷敷15分钟左右。

2 用绷带包扎扭伤处。抬高伤肢，使毛细血管收缩，尽量减少出血。

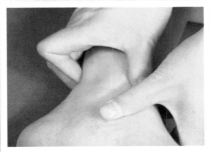

3 用绷带扎紧，保持24小时后，再进行按摩、热敷。

盐疗法治手脚抽筋

手脚突然抽筋发冷，主要是因为局部血液循环不畅导致，盐疗法可有效消除这种症状。

1 取约100克盐放入锅中，炒热，但温度不可过高。

2 然后用细密的纱布将炒热的盐包裹起来。

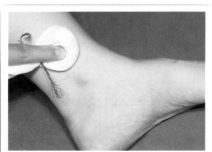

3 将盐包在四肢来回擦拭，摩擦数次，直到感觉症状缓解为止。

**苦瓜肉汤
消暑防暑**

炎炎夏日，人的身体会因为高温而受到影响。苦瓜是消暑、防暑的佳品，再配上猪肉，既消暑又能确保人体在盛夏所需要的营养。

**步骤
Steps**

1 首先将200克鲜苦瓜洗净去籽切块。

2 然后将100克瘦猪肉切片。

3 将苦瓜和猪肉放入汤锅中，加入适量清水，用小火慢慢煲。

4 至七成熟时，根据个人口味，加入盐等调味，熟后即可食用。

红枣枸杞养生茶

红枣有补气健脾、养心安神的功效，枸杞能明目，补肝肾。冬天泡一杯红枣枸杞茶，不仅能促进血液循环，还可安眠养神、抗衰老。

1　首先，准备红枣10克、枸杞5克、蜂蜜适量。

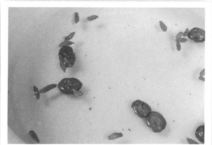

2　将红枣和枸杞用清水洗净。

3　将红枣和枸杞放入杯中，冲入开水，浸泡约15分钟左右。

4　待放凉至温度60℃左右时，根据个人喜好加入蜂蜜即可饮用。

生姜红茶
除虚冷

大部分体质虚冷的人，是由于体内血液循环不畅、营养供应不及时造成的。生姜所含的姜辣素和红茶的茶黄素能促进血液循环，缓解虚冷症状。

步骤
Steps

1 用适量的开水将红茶泡开，并准备一小块生姜。

2 将生姜洗干净，切片、剁碎，做成生姜泥。

3 将生姜泥加入泡好的红茶中混合，搅拌均匀即可饮用。

甘菊茉莉花减压茶

现代人生活和工作压力大，常会导致很多病症。要缓解这些病症，首先要减压。现教你制作一款减压茶，配合其他疗法能达到很好的疗效。

步骤 Steps

1 准备甘菊50克、茉莉花50克。

2 用开水浸泡甘菊和茉莉花。

3 最后将甘菊、茉莉花茶水滤入杯中或壶中即可饮用。

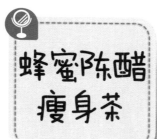

蜂蜜陈醋瘦身茶

本品有瘦身的功效。蜂蜜具有很高的药用价值，陈醋能促进消化，有很好的减肥疗效。餐后饮用本品，有助于消化。

步骤
Steps

1 准备蜂蜜、陈醋、玻璃杯。

2 在玻璃杯中倒入清水，水中倒入少量陈醋。

3 再往玻璃杯中加入1匙蜂蜜。

4 搅拌均匀即可饮用。

生姜陈醋提神茶

本款茶适合工作繁忙的人士，具有提神的功效。生姜具有辛辣的刺激味道，能提神、醒脑，加入陈醋后，能使生姜的功效更加显著。

步骤 Steps

1　准备陈醋、生姜和适量温开水。

2　将生姜切成片状放入杯中，倒入陈醋，一起搅拌片刻。

3　然后在拌好的姜醋液中，加入温开水，浸泡20分钟左右。

4　可依据个人口味，在生姜陈醋茶中加入其他调味料进行调味。

盐水泡脚
舒缓疲劳

长时间走路后，别忘了好好保养双脚。盐水泡脚能快速舒缓疲劳、滋润双足，让你舒服地睡上一觉。

步骤
Steps

1 在盆中放入适量的热水。

2 加入适量盐，轻轻搅拌，使盐全部溶解于水中。

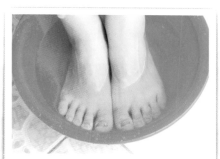

3 待水温降至38～43℃，将双脚浸泡在水中约20分钟，可依情况适当地加入一些热水。

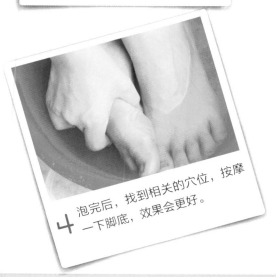

4 泡完后，找到相关的穴位，按摩一下脚底，效果会更好。

大蒜缓解喉咙痛

大蒜含有的辛辣成分可杀菌，可缓解喉咙的疼痛。用大蒜治喉痛，方法简单，且疗效明显。

步骤 Steps

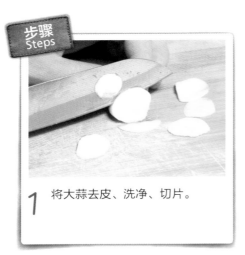

1 将大蒜去皮、洗净、切片。

2 取数片蒜片放入杯中。

3 倒入200毫升热开水浸泡大蒜，直到开水降温变成温水。

4 将大蒜水倒入杯中饮用，可缓解喉痛，也可作为漱口水。

梨可促进消化、润肺，苹果具有补血、整肠的功效。用苹果和梨做成的饮品，具有改善皮肤粗糙、防止黑斑产生的美容效果。

步骤 Steps

1 将梨和苹果洗净，分别去皮、去核，切成小块。

2 将梨块和苹果块加100毫升冷水放入锅中，加热。

3 熬煮15分钟后盛出，稍凉，加入1大匙蜂蜜搅拌均匀即可食用。

橘子皮芳香浴包

橘子皮具有驱寒暖身的功效。橘子皮的香味浓郁，用橘子皮制成浴包泡澡，有保健效用。

1　准备1个橘子和1块纱布。

2　剥开橘子，取橘子皮。然后将橘子皮晒干或风干。

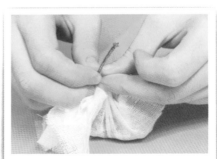

3　将干橘子皮装进纱布包扎好，沐浴时将纱布包放入浴盆即可。

南瓜香蕉润肠汤

　　用南瓜和香蕉做成的水果汤具有良好的润肠通便的功效。一碗南瓜香蕉汤，会让人整天身体轻松舒适。

步骤 Steps

1 首先，准备南瓜50克、香蕉1～2根、蜂蜜适量。

2 然后，将南瓜洗净，香蕉去皮，切成小块。

3 将南瓜和香蕉一起放入锅中，用中火煮15分钟左右。

4 将南瓜香蕉汤盛出，放凉至60℃左右时，加入蜂蜜即可食用。

温和牛奶足浴

牛奶中含有丰富的维生素及矿物质，对肌肤有极佳的保湿功效，对脚后跟等粗糙部位的肌肤效果尤佳，而且不会刺激肌肤。

步骤 Steps

1 将500毫升的牛奶倒入温水中。

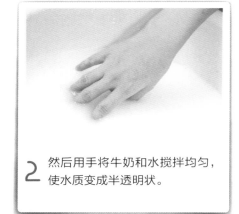

2 然后用手将牛奶和水搅拌均匀，使水质变成半透明状。

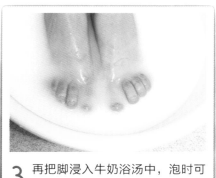

3 再把脚浸入牛奶浴汤中，泡时可用手按摩脚部的穴位。

4 泡脚20分钟后，用干毛巾擦干水即可。

黄瓜消肿面膜

体内水分如果代谢不佳，会引起脸部或眼部水肿。要消除脸部的水肿，就必须促进脸部皮肤水分的排出。

步骤
Steps

1 准备黄瓜50克、酸奶50毫升、食盐5克。

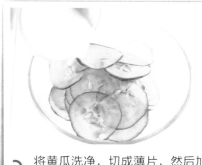

2 将黄瓜洗净，切成薄片，然后加入酸奶和食盐。

3 将所有材料一起搅拌均匀，然后直接将黄瓜片贴于脸部即可。

橄榄油保养脚跟

脚跟的皮肤容易变得粗糙干燥，橄榄油中含有丰富的维生素E，能有效滋润和修复皮肤，是保养脚跟皮肤的上品。

步骤 Steps

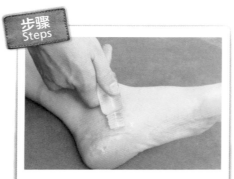

1　沐浴后，用手蘸取少量橄榄油，涂在脚跟上按摩5分钟左右。

2　套上塑料袋，或裹上保鲜膜。

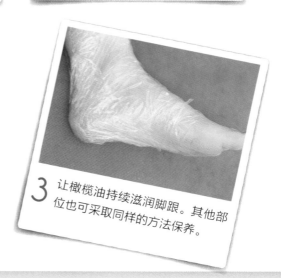

3　让橄榄油持续滋润脚跟。其他部位也可采取同样的方法保养。

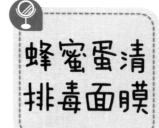

蜂蜜蛋清排毒面膜

蜂蜜可清除脸部皮肤的毒素，能降火、预防长痘痘；蛋清可以收缩毛孔。皮肤粗糙、长痘痘的女孩们，不妨来试试这款排毒面膜。

步骤 Steps

1 准备适量蜂蜜、2个鸡蛋。将一大匙蜂蜜倒入玻璃杯中。

2 鸡蛋磕破，取出蛋清，加入到玻璃杯中。

3 将玻璃杯里的蜂蜜和蛋清一起搅拌均匀即成排毒面膜。

4 使用时取适量面膜涂于脸部即可。

红糖枸杞老姜茶

如果经常手脚冰冷，可以调制一款补血活络的滋补茶。下面就教你配制红糖枸杞老姜茶，助你有效改善手脚冰冷的症状。

步骤 Steps

1　准备1块老姜、50克枸杞、50克红糖、适量蜂蜜。

2　首先将老姜和枸杞洗干净，老姜连皮切片。

3　然后将蜂蜜外的所有材料一起放入锅中，用中火煮约15分钟。

4　再将煮好的茶倒入容器中，稍微降温后，加入1勺蜂蜜即可饮用。

金银花
木瓜面膜

木瓜是深受女性喜爱的美白瓜果；金银花有祛火减压的功效，可预防痘痘的产生；薰衣草精油的渗透性强，能有效去除痘痘。

步骤
Steps

1 准备木瓜100克、金银花露适量、薰衣草精油2滴。

2 将木瓜放入搅拌器中，搅打成糊状，倒入玻璃杯中待用。

3 然后加入适量的金银花露，再加入两滴薰衣草精油。

4 最后将材料一起搅拌均匀即成。使用时取适量涂于脸部即可。

CHAPTER
03

来自
生活的
创意

使淋浴喷头流水顺畅

用久的淋浴喷头里外会结有许多水垢，流水会不顺畅。怎样清除堵塞物，让淋浴喷头流水顺畅呢？

步骤 Steps

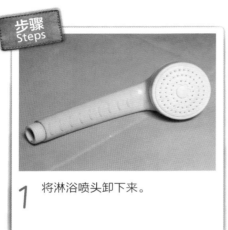

1 将淋浴喷头卸下来。

2 取一个口径比喷头大一些的盆，倒入清水后加入适量的食用醋。

3 再把淋浴喷头（喷水孔朝下）在醋中浸泡8小时左右。

4 将泡好的淋浴喷头取出，用清水冲洗一下，就可以正常使用了。

挤光
剩下的
牙膏

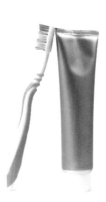

牙膏快用完时，用力地从管尾挤到头，却怎么也挤不出丁点牙膏。其实要把牙膏挤干净很容易，只要利用一根吸管就可以了。

步骤
Steps

1 先盖好牙膏盖，捏一捏牙膏，稍微撑开，让其形状不至于太扭曲。

2 打开牙膏盖，用吸管向内吹气，把扭曲压扁的牙膏撑开。

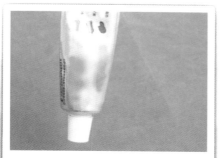

3 然后拿起牙膏的管尾，用力地向下甩5秒即可。

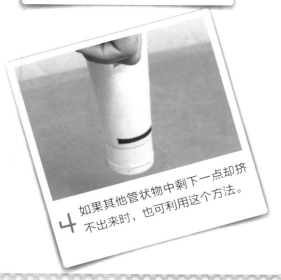

4 如果其他管状物中剩下一点却挤不出来时，也可利用这个方法。

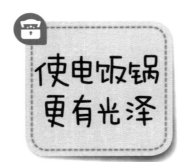

使电饭锅更有光泽

电饭锅用久了就会失去光泽，看起来很不雅观。现在教你一个小窍门，让你的电饭锅在几分钟内就变得亮丽如新。

1 泡一杯红茶，然后将泡过的红茶包取出。

2 用红茶包擦拭电饭锅外壳。

3 再用干抹布将电饭锅擦拭一遍，可反复擦拭。

4 用茶包擦过后，就会发现电饭锅"换了一副新面孔"。

受潮茶叶的烘焙法

略受潮的茶叶，可以利用电饭锅烘干，让其恢复原有的清香。

步骤
Steps

1 在电饭锅内先铺一层铝箔纸，将茶叶均匀铺在铝箔纸上。

2 然后盖上电饭锅的盖子，并按下开关，对茶叶进行加热。

3 等开关跳至"off"时，将盖子打开，让蒸气散出。

4 最后将茶叶稍稍翻动，晾干即可。

巧制毛巾浇花器

如果家中长时间无人，家里的植物很可能会枯死。下面介绍一个可以长时间自动地给盆栽浇水的方法。

步骤
Steps

1 首先准备一块长方形、吸水性好的毛巾。

2 选择一个可以装水的容器，水桶或脸盆都可以，将毛巾放入水中充分浸湿。

3 将毛巾的一端放在水桶里，另一端放在土壤上，这样水就会透过毛巾渗透到土壤里。

淘米水滋养植物

淘米水含有丰富的油分和多种营养物质，是盆栽植物很好的肥料，可促进植物的生长和发育。

1 淘洗大米时，留取淘米水。

2 将淘米水装入喷水壶中，适量洒在植物上，剩下的淘米水可保存到第二天再使用。

"软硬通吃"的全家饭

每个人的口感偏好不同，如何用同一个锅煮出软硬不同、兼顾全家口味的米饭呢？

1 将米依一般程序洗好后，放进电饭锅的内胆中，在内胆中加适量热水。

2 然后将锅倾斜，让内胆中的米呈现一个斜面后，依一般程序煮饭即可。

衣物快干的诀窍

铁丝衣架的用途很多，只要发挥创意，将铁丝衣架弯曲或交叉，就能使洗涤的衣物干得更快，还可以减少衣物的褶皱。

步骤
Steps

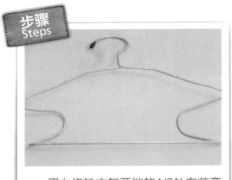

1 用力将铁衣架两端的1/3处向前弯曲，这样衣架就变成立体的了。

2 将洗过的衣服晾晒在衣架上，会发现衣服不会贴在一起。

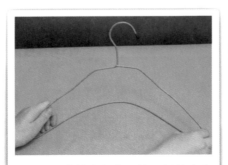

3 也可拿着衣架的两端，把整个衣架弯曲靠拢来使用。

4 晾晒时不管是在室内还是室外，都能使衣物较快晾干。

消除衣服的"脱水褶皱"

衣服脱水时间太长，或脱水后放在洗衣机里的时间太久，就会出现明显的褶皱。其实消除褶皱很简单，使用一点小技巧就可以了。

步骤 Steps

1 将衣服从洗衣机拿出后用力将衣服抖一抖。

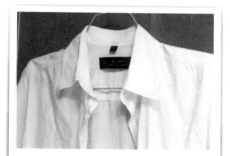

2 将衣服晾在衣架上，挂在晾衣杆上，使衣服展平。

3 用喷壶往衣服上喷水，并用手拉直褶皱，这样就可消除褶皱了。

废气
塑料盒
浸泡鞋带

运动鞋的鞋带如果随着鞋子一起洗,鞋带很难被洗干净。怎样清洗鞋带会又快又干净呢?

步骤
Steps

1　在塑料盒中放入一点洗涤剂或是漂白剂,将鞋带放进塑料盒中。

2　然后在塑料盒中加入少量水浸泡,以不没过盒口为原则。

3　盖上塑料盒的盖子,浸泡一晚,鞋带就变白了。

4　最后将鞋带取出,用清水漂洗干净即可。

超级
不沾刀

切菜时，蔬菜片老是沾在刀片上，给切菜增添了一定的困难。有没有什么办法能让菜刀切菜时不沾菜？其实，一根牙签就能解决。

步骤 Steps

1 准备牙签1根、透明胶带1卷。将菜刀平摆，把牙签放在靠近刀锋处。

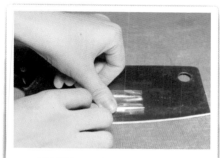

2 然后撕开一段透明胶粘住牙签，一把不沾刀就做成了。

3 用做好的不沾刀切菜，会发现蔬菜会整齐地落在砧板上。

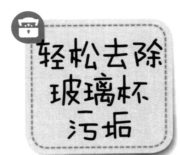

轻松去除玻璃杯污垢

玻璃杯使用久了就会有一层污垢，使用平时的清洁剂与海绵刷不易将之去除，用什么方法处理会更有效呢？使用醋加盐会有惊人的效果。

步骤
Steps

1 准备适量的醋和盐，以1:1的比例，将醋与盐搅拌均匀。

2 然后用旧牙刷蘸取后刷洗杯子，就能马上去除污垢。

3 最后用清水将刷洗好的杯子冲洗干净即可。

巧用旧报纸磨刀

在暂时找不到磨刀石的情况下，可利用旧报纸和清洁剂做成临时的"磨刀石"，既能废物利用，又能充分享受创意的乐趣。

步骤
Steps

1 准备一张旧报纸、清洁剂、一把刀。

2 将报纸卷成筒状，然后用胶带或丝带将报纸卷固定。

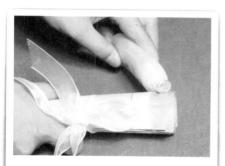

3 在刀上涂些许清洁剂，并洒少量的水在旧报纸上。

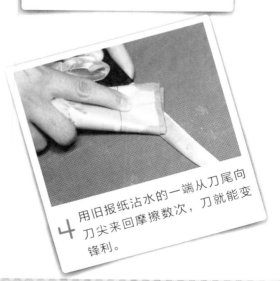

4 用旧报纸沾水的一端从刀尾向刀尖来回摩擦数次，刀就能变锋利。

旧报纸除壁橱湿气

阴雨连绵的天气，壁橱中会有很重的湿气，除了使用干燥剂，还有一个省钱又方便的办法，就是利用废旧报纸。

1 将1～2张旧报纸卷成筒状。

2 然后将报纸塞入壁橱内的缝隙，可依据缝隙大小决定报纸卷数量。

3 塞入的旧报纸卷可使壁橱变得干燥，感觉报纸潮湿时就要更换。

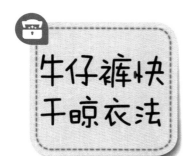

牛仔裤快干晾衣法

牛仔裤比其他的衣物难干，尤其是在冬天和阴天下雨时，一条牛仔裤往往要晾上几天才能干，这里教你一个让牛仔裤快干的晾衣法。

步骤 Steps

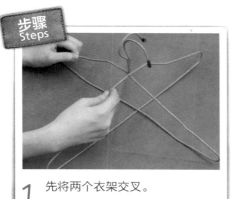

1 先将两个衣架交叉。

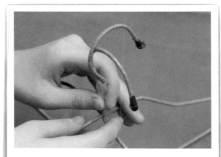

2 然后用胶带固定交叉衣架的上部，做成"十"字形。

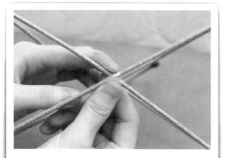

3 再将衣架下方的交叉部分也用胶带固定。

4 最后用该衣架撑开牛仔裤晾上即可，这样裤子的里侧也会干得比较快。

CHAPTER
04

垃圾变"黄金"

旧网球包桌椅脚

网球很适合于做减压消音的材料。如果用旧网球包桌椅，不仅可以减少桌椅脚与地面的摩擦，而且拖动桌椅时也不会再发出声音。

步骤 Steps

1 准备一个网球和一把刀，然后将网球和刀擦干净。

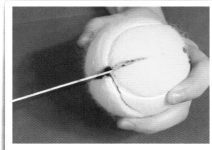

2 按照桌椅脚底部面积的大小，在网球中间割一个开口约3/4厘米的"十"字。

3 将桌椅脚擦干净，然后插入网球开口中即可。

废旧筷子做隔热垫

筷子用久了，上面细小的凹槽里容易滋生细菌，继续使用容易引发疾病。但废旧筷子还能再利用。

步骤 Steps

1 准备好长度适合的筷子、剪刀、一段绳子。

2 用绳子套住一根筷子，双手用力，将筷子绑牢。

3 接着再按上面的方法将筷子一根根并排固定在一起。

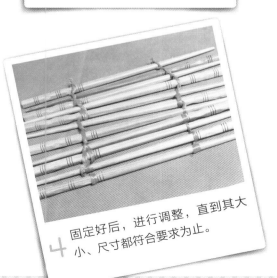

4 固定好后，进行调整，直到其大小、尺寸都符合要求为止。

过期洗甲水除贴纸

洗甲水可除去黏性极强的污渍。家具被贴上贴纸后很难去除，用过期的洗甲水清洗不失为一个好办法。

1 先用化妆棉蘸适量的清水擦洗贴纸周边，使贴纸被水浸湿。

2 再用化妆棉蘸取过期的洗甲水放在贴纸上，静置2分钟左右。

3 取下化妆棉，然后就可以轻松撕下贴纸了。

旧牙刷变身万能刷

想要轻松迅速地做家务，就要在打扫工具上下工夫。用旧牙刷改造成的万能刷，可使清洁更省时、省力。

1 准备4把旧牙刷、1把剪刀和1卷胶带。

2 剪一段胶带将牙刷以5厘米的间隔固定，避免紧贴，否则不能改变握法。

3 用牙刷做成的万能刷清洗洗脸池的小排水口，能做360°的清洁。

4 洗碗槽排水口等，也能用万能刷清洗干净。

旧皮带延长刀片寿命

刮胡刀片使用久了之后容易变钝，使用起来不方便。有没有什么方法可以使其变锋利呢？

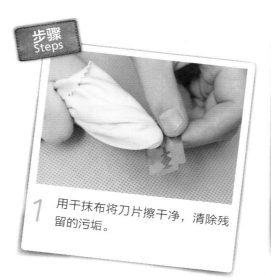

1 用干抹布将刀片擦干净，清除残留的污垢。

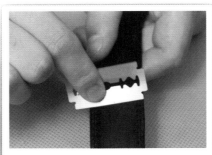

2 将刀片在旧皮带的背面来回磨几下，磨时用力要均匀。

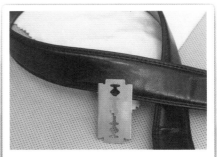

3 磨过之后，发现刀片变亮、变新了，并且刀口也变锋利了。

让缩水羊毛衫复原

羊毛衫洗后容易缩水变形，穿在身上感到紧绷，失去了原有的美感。要想使羊毛衫复原，就要使收紧的羊毛纤维重新松动。

步骤
Steps

1 用一块干净的浅色白布将羊毛衫包裹起来。

2 放进蒸锅里蒸10分钟后取出，稍用力抖动，再把它拉成原来的尺寸。

3 最后将羊毛衫平放在薄板上，晾于通风的地方即可。

绿茶渣
有妙用

植物生长最需要的就是氮元素，而日常生活中经常被我们当做垃圾倒掉的绿茶渣，含有丰富的氮，是滋养植物的优质"肥料"。

1 取适量的绿茶，冲入适量开水，浸泡一会儿。

2 饮用茶杯中的绿茶水。

3 然后将绿茶渣收集起来。

4 将绿茶渣撒在植物的根部，会使植物长得非常茂盛。

修复断掉的口红

如果不小心将口红折断了怎么办？丢掉太可惜，可是又不知如何继续使用断掉的部分。不妨试试下面这个方法吧！

步骤 Steps

1 将口红管内的口红用打火机稍微加热，直到口红表面开始熔化。

2 再立刻将断掉的口红接到加热过的口红管内粘紧。

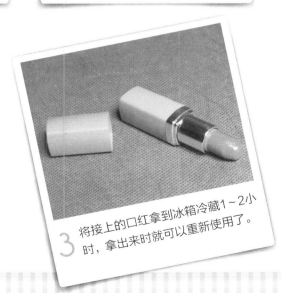

3 将接上的口红拿到冰箱冷藏1～2小时，拿出来时就可以重新使用了。

CHAPTER 05

爱的
秘密收纳

T恤衫
巧折叠

将T恤衫折叠起时，要避免皱褶，尤其是衣领。折叠衣物时，应根据收纳空间的大小决定折叠后的宽度。

1 将T恤衫摊开，左侧向后身重叠，再将袖子折回来。

2 将相对的一侧以同样的方法折叠，左右折叠的宽度要均等。

3 从下摆开始向上对折，整理形状和褶皱。

4 再将上部折叠放起来，若竖起收藏的时候，进一步对折。

衬衫防皱折叠法

根据摆放空间的大小，确定衬衫折叠的尺寸。在领口放入衬垫物，将上下两件衬衫交错放置，可保持厚度一致，节省空间。

步骤 Steps

1 扣上第1、2个纽扣，把衬衫弄平整，在衣领下方中间放置厚纸板。

2 将衣服向后折叠，再根据折叠后的宽度将袖子折叠，左右折叠方法相同。

3 然后根据厚纸板的长度，把折叠好的衬衫对折。

4 最后在领口处放入填充物就可以了。

对襟衣物折法

将衣物正面向上，即使不系纽扣也可很好地折叠。若将前面有扣眼的一侧叠放在有纽扣的一侧上，叠起来会很容易。

步骤 Steps

1 将有扣眼的一侧放置在上面，将衣服的左侧折起。

2 将袖子折回，右侧用相同的方法折叠，注意使左右对折的宽度均等。

3 从下摆向上折回约衣长1/3的长度，并依照放置空间大小调整宽度。

4 最后将衣服从下摆再对折一次即可。

厚毛衣
折叠法

在寒冷的冬天，厚毛衣是我们的"功臣"。但是厚毛衣的收纳方法不当，就很占空间。巧妙折叠，既省空间也方便拿取。

步骤
Steps

1 首先将毛衣背朝上平铺，抚平，把右边袖子折回。

2 然后将左边袖子同样对折，把袖子整理好。

3 再将衣服两等分对折。

4 最后由下而上将衣物再对折即可。

背心对折法

不管是男士背心还是女士背心，布料一般都比较软，摆放时也容易，折叠起来也比较省事。

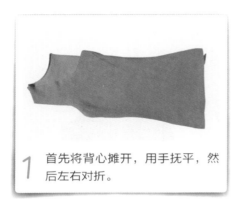

1 首先将背心摊开，用手抚平，然后左右对折。

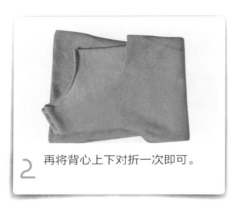

2 再将背心上下对折一次即可。

夹克折叠法

夹克受人喜爱，但却不易折叠。怎么才能保持衣领的原样，不让其变形呢？

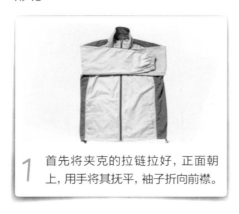

1 首先将夹克的拉链拉好，正面朝上，用手将其抚平，袖子折向前襟。

2 然后将夹克上下对折一次即可。

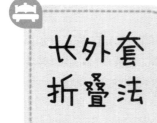

长外套折叠法

长外套比较保暖，但折叠外套时，一定要维持外套的领口不变形，收纳外套时千万不要重压或拉扯。

步骤 Steps

1 把外套摊开铺平，先把内层的褶皱抚平，扣好扣子。

2 把衣服的正面朝上，领子的部分利用毛巾撑住，以保持形状。

3 把袖子向内折好，在中间对半的部分放上另一条折成长条的毛巾。

4 最后将外套对折，把毛巾塞入折叠层之间即可。

短裤折叠法

炎热的夏天，穿上短裤甚觉凉爽，但如果短裤上有折痕就很不好看。因此，折叠时要注意。放入缓冲物，就可以解决这个问题。

步骤 Steps

1 按照短裤的裤线，将短裤左右的裤线对齐进行折叠。

2 然后在上下对折处，放上保鲜膜的芯。

3 最后将短裤以保鲜膜芯为轴对折，就不易产生折痕了。

胸罩如果折叠不当，会缩短其使用寿命。如果将胸罩朝同一个方向并列放置，不仅会增加收藏量，而且方便拿出。

1 首先将胸罩正面向下，将两侧罩杯旁的挂钩部分重叠在一起。

2 从中间对折，将右罩杯嵌入左罩杯中，肩带悬挂在手背上。

3 然后将手背上的肩带顺势套在罩杯上。

4 最后将折好的胸罩朝同一方向放置，排列整齐，可节省空间。

丝袜叠放法

摆放丝袜所需要的空间很小，但随便放置又很凌乱。其实，丝袜的叠放方法很简单，只要稍微动动脑筋就可以了。

1 首先将丝袜铺平，两只丝袜重叠后对折1次。

2 然后将折好的丝袜再对折，变成原来长度的1/4。

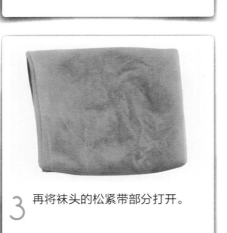

3 再将袜头的松紧带部分打开。

4 最后翻面将丝袜反向套入。这样折叠的丝袜在取用时也比较方便。

皮带的收纳

皮带往往是个人必备用品之一，尤其是男士，但皮带的收纳却不易。

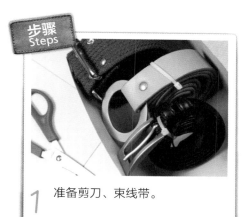

1 准备剪刀、束线带。

2 把皮带从金属头相反方向卷成卷状，再用束线带将皮带固定。

3 最后用剪刀剪去多余的束线带，这样就能将皮带好好收纳了。

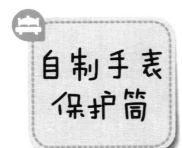

自制手表保护筒

手表的实用价值高，如果随便将手表平放在盒子中，表面就很容易划伤。自制一个手表保护筒就可以了。

1 将不用的废杂志卷成圆筒状，用胶带粘好固定。

2 然后在卷好的圆筒上包上一层毛巾。

3 再将手表依次固定在圆筒上，这样既美观又方便手表的取用。

废纸卷变成领带卷

现代家庭多用卷筒卫生纸，用完后就随手将卷筒卫生纸的废卷筒扔掉了。其实废卷筒也可以摇身变成领带收藏卷。

步骤 Steps

1　准备卷筒卫生纸的卷筒、包装纸、剪刀、刀、胶棒。

2　然后在桌子上铺上废纸或塑料垫，以免划伤桌面。

3　将卷筒放在包装纸上，量好长度，裁纸。

4　用胶棒在卷筒表面涂上胶，把卷筒放在包装纸上卷起来，将边折压进去。

5　在圆筒中央的地方，割一个比领带最窄部位稍微宽一点的开口。

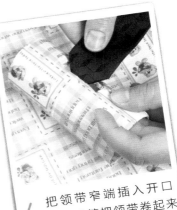

6　把领带窄端插入开口处，沿筒把领带卷起来即可。

鞋盒摆放蓬松衣物

利用鞋盒放围巾或是帽子等体积比较大且蓬松的物品，不但好找而且节省空间。将鞋盒置于抽屉中，分类摆放贴身衣物也不错。

步骤
Steps

1 首先将衣物对折后，再将侧边突出的部分向内凹折。

2 由上往下卷起来，使之成为筒状。然后把物品放入鞋盒中摆放好。

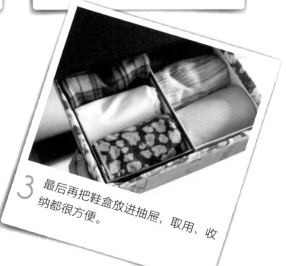

3 最后再把鞋盒放进抽屉，取用、收纳都很方便。

首饰的收纳

女性的小饰品很多，放在一起很容易缠绕而打结，取用时很不方便。这个借助一些小玩意，就可以轻松解决这个问题。

步骤
Steps

1 把项链的一端穿过吸管，扣上两端的扣环，这样项链就不会打结。

2 如果用密封袋来收纳首饰，拿取更方便。

3 还可以借助挂钩把手链、项链挂在墙上。

巧用竖立式隔板

用来装小件服饰的抽屉，可以采用竖立式隔板把袜子和内衣等分开来，既充分利用抽屉的空间，还方便寻找。

步骤 Steps

1 在硬纸板上依抽屉深度画出展开图，两侧各留5厘米做支架。

2 准备一张比硬纸板大的包装纸，用胶布粘贴在硬纸壳上。然后避开支架部分，在硬纸板的内侧贴上双面胶。

3 最后从中央位置对折黏合后，把支架展开即可。

饼干盒变成首饰盒

吃完饼干后，不要随手将空盒扔掉，因为它可以摇身一变成为首饰收纳盒。

步骤 Steps

1 首先按照饼干盒的实际尺寸，用纸板做成几个隔间的隔板。

2 然后将做好的纸板组合起来。

3 在饼干盒下面垫上一层薄薄的纸或布，把做好的隔板放进盒子里。

4 再将首饰放进盒子的隔板内。

5 在包装纸上按照盒盖的尺寸，用铅笔画出适当的大小。

6 把剪裁好的包装纸用胶带粘在盒盖上，让盒子看起来更美观。

凉被的收纳法

夏季过了，凉被该收起来了。以下介绍一个绝招，既能够让凉被收纳有方，又能把它变成沙发靠垫，真是一举两得。

1 首先，将凉被叠成适当的长方形，然后抓起一端往前卷紧。

2 把卷好的被子放在另一块布中间偏上的地方，有点像包馄饨的情形。

3 将布下端包住被卷，把一些布塞进卷里。

4 再继续将卷好的凉被往前滚。

5 卷好之后，将凉被包好，然后用力地扭转。

6 将扭紧的凉被打一个结，另一端也如法炮制。

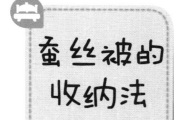

蚕丝被的收纳法

不同的被子有不同的收纳方法，蚕丝被、人造纤维被、羊毛被不同于一般的棉被，最怕重压。

1 先将蚕丝被分成三等分折叠。

2 将蚕丝被卷起，卷成圆筒状。

3 用废弃的裤袜将卷好的蚕丝被捆绑好。

4 把捆绑好的蚕丝被用床单包裹好放置即可。

CHAPTER
06

井然
有序的
会客厅

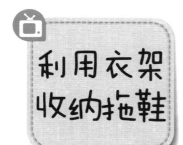

利用衣架收纳拖鞋

拖鞋的收纳方法有很多。这里介绍一个用衣架收纳拖鞋的创意方法。

1 首先将衣架上下拉成大致对称的长椭圆形。

2 然后将椭圆形的衣架从2/3处向上折成直角状。

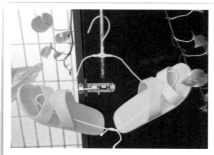

3 最后将折好的衣架的2/3处向下凹折，使衣架略成"S"形，两端挂上拖鞋即可。

靴子的收纳方法

靴子该如何收纳呢？如果收纳不当，靴子容易变形。但若正确收纳，来年它仍像是一双"新鞋子"。

步骤 Steps

1 将靴子表面的灰尘清理干净。

2 将旧杂志／卷纸筒放进靴子内。

3 用晾衣夹将靴子夹起来固定在衣架上。

4 将靴子按长短整齐地收纳入衣柜里。

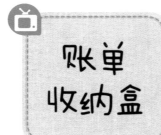

账单收纳盒

每个月的水电费、管理费等账单很多，随便丢在某个角落里会显得凌乱，查找核对时又劳神费时。用自己做的收纳盒加以整理最为方便可靠。

步骤 Steps

1 量出盒子长度，分成相等的等分，并在各等分处做好标记。

2 纸盒上下两边各留一段距离，在最后的等分记号旁多画0.5厘米宽的记号。

3 裁掉做记号线处，注意0.5厘米记号处不要裁掉，并将它扳起。

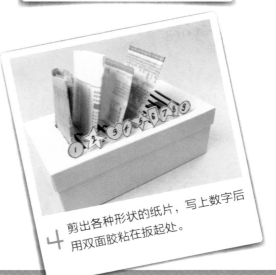

4 剪出各种形状的纸片，写上数字后用双面胶粘在扳起处。

高跟鞋的相对放置收纳

由于高跟鞋的形状比较特殊，在收纳过程中，将高跟鞋对放收纳时，要塞一些纸进去以固定鞋子的头部，即可保证高跟鞋不变形。

步骤 Steps

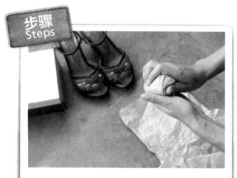

1 首先将预备好的布或纸巾揉成团状。

2 然后将揉好的团状纸或布塞入鞋头。

3 鞋头与鞋跟对放收纳即可。

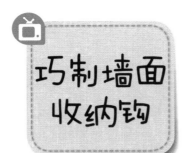

巧制墙面
收纳钩

家里有很多闲置包装袋或手拎袋，弃之可惜，但存之会很占空间。现在就来解决这个问题。

1 准备好钩子、绳子。

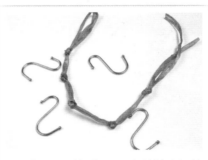

2 在绳子对折约10厘米的地方打第1个结。依次再打上几个结，把钩子一一挂上去。

3 将打好结的绳子悬挂起来，把包装袋或手拎袋挂在钩子上即可。

遥控器的收纳

把电视遥控器、DVD遥控器等扔在茶几或电视柜上，显得很杂乱，放在别的地方又不方便。这里教你制作一个收纳遥控器的盒子，美观又实用。

步骤
Steps

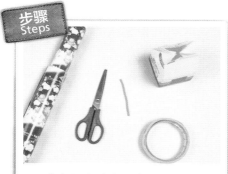

1 准备好空的牛奶盒、小棍棒、包装纸、剪刀。

2 用剪刀剪掉牛奶盒的上面部分，然后在盒身包上一层包装纸。

3 在剪开的开口下方钻2个孔，穿入小棍棒，就可以装遥控器了。

4 将做好的遥控器盒放在电视柜上，既美观又实用。

CHAPTER
07

美食
加工厂

放置小物品的储物盒

厨房的储物空间一般都不是很大，厨房小物品的归置就成了一门"学问"，如筷子和搅拌用具等的放置。其实，只要把几个牛奶包装盒用双面胶粘在一起就可以制作成小巧的储物盒了。

步骤 Steps

1 首先将牛奶盒开口的一面根据使用的需要剪去。

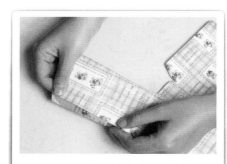

2 然后依照盒子的大小裁剪包装纸。

3 最后在纸盒上贴上剪好的包装纸即可。

塑料盘收纳调味品

　　调味品直接放在桌上很容易弄脏台面，巧用超市里装生鲜的塑料盘放置调味品，干净又整洁。

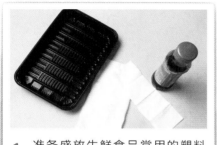

1　准备盛放生鲜食品常用的塑料盘、餐巾纸。

2　在塑料盘里垫上餐巾纸，把常用的调味罐放进去即可。

泡棉和餐巾纸保护餐具

　　用曾经包裹水果的泡棉来包装餐具，保护效果非常好。餐巾纸也可用来保护餐具。

1　把碗用泡棉包好，能防止碰撞受损。

2　在每个餐盘间夹一张餐巾纸，就可以避免盘子间因直接接触而撞裂。

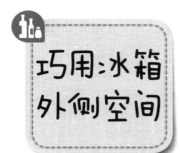

巧用冰箱外侧空间

如果厨房比较窄小，冰箱的外侧面和正面都是珍贵的收纳场所。应合理利用这些位置收纳一些小东西。

1 先用剪刀把盒子剪成合适高度的梯形开口容器。

2 再用剪刀在盒子长的一面剪出一个洞，用来挂挂钩。

3 在冰箱的正面贴上吸盘挂钩，挂上盒子即可用来收纳小物品。

砧板的收纳

砧板是家庭生活中的必备品，平放占地方，竖放起来又容易滑倒。以下有多种方法可以解决此问题。

步骤
Steps

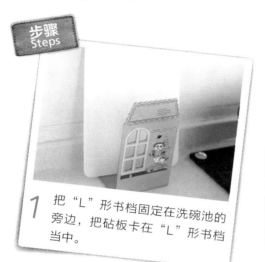

1 把"L"形书档固定在洗碗池的旁边，把砧板卡在"L"形书档当中。

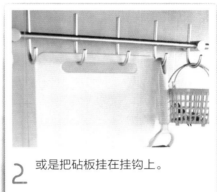

2 或是把砧板挂在挂钩上。

3 或是利用"S"形挂钩，把砧板挂在橱柜的把手上。

旧衣架变身垃圾桶

衣架一旦变形，就无法使用，否则容易让衣服走样。这时，本该进垃圾桶的变形衣架本身就可以变为垃圾桶，用在厨房里很是方便。

步骤 Steps

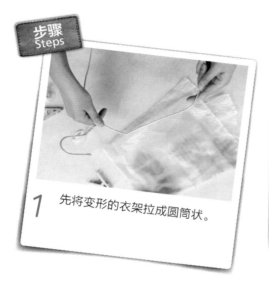

1 先将变形的衣架拉成圆筒状。

2 然后用挂钩把圆筒状衣架固定在一个地方，将塑料袋套入衣架中。

3 最后用夹子把塑料袋固定在衣架上。

巧妙叠放剩菜

剩菜太多，要是都放入冰箱，位置不够；叠起来放又不大可能。这该怎么办呢?

1 把剩菜用碗装好，封上保鲜膜，放进冰箱。

2 在碗的上面摆一张废气空盘，这样上面就可以再叠放一个碗了。

巧用纸盒清洁冰箱

在冰箱的保鲜盒里放上大小适合的纸盒，整理时只要更换新的纸盒，就能保持保鲜盒的清洁。

1 根据冰箱保鲜盒的大小，将纸盒剪成适当的高度。

2 然后把盒子排放在冰箱的保鲜盒中。

文件篮收纳瓶瓶罐罐

厨房里的瓶瓶罐罐特别多，时间一长，台面上很容易粘上油渍，清洗起来也很不方便。

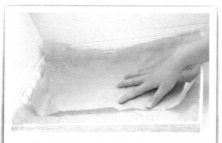

1 首先准备一个文件篮，然后用纸垫在文件篮里，可以多垫几张。

2 然后将瓶瓶罐罐整齐地摆放在文件篮里，这样既省事又美观。

让杯子不碰撞

放在抽屉里的玻璃杯，若抽拉时较用力，就容易因碰撞而破裂。何不为杯子也加上防滑垫呢？

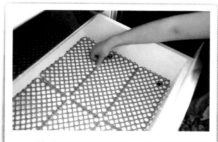

1 首先根据抽屉的大小选择合适的防滑垫，把防滑垫放进抽屉底部。

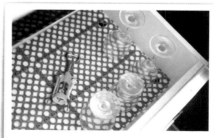

2 将玻璃杯整齐地放在抽屉里，这样杯子就不会因碰撞而破裂了。

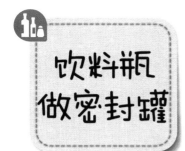

饮料瓶
做密封罐

如果剩菜没有密封好，里面的汤水就容易
洒在冰箱里，污染冰箱，清理也麻烦。

步骤 Steps

1 将饮料瓶沿瓶口切开，取下瓶口。

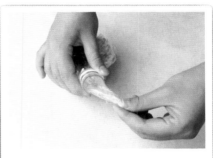

2 将需要保鲜的剩菜放入塑料袋里，再将袋口卷好，套进饮料瓶的瓶口中。

3 再把塑料袋翻过来，最后把瓶盖盖紧，剩菜就被密封了。

CHAPTER 08

整齐清爽
"黄金"屋

自制洗手间书架

如果你想充分利用时间、空间，在洗手间也摆上书籍，那就向你介绍一个在洗手间放置书架的方法。

1 准备大小适合的木板，在靠墙角的地方用钉子把木板固定在墙上。

2 把杂志、书本放到木板上，利用塑料植物饰品装饰书架，美化环境。

巧做墙角整理箱

洗手间的墙角是个很容易被遗忘的死角，如果合理利用，它就会变成了一块很好的收纳宝地。

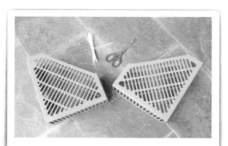

1 准备2个文件收纳盒、束线带、剪刀。

2 将文件收纳盒开口相对，并用束线带绑好，贴着墙角放置即可。

巧置盥洗用品

要想让洗手间的可用面积"增加",只有巧用空间,在洗手间盥洗用品的摆放上下工夫。

步骤 Steps

1 准备网格架、束线带、挂钩、挂篮等,把束线带逐个连接成挂绳。

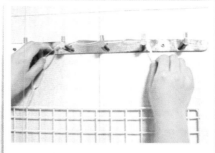

2 把多余的束线带剪掉,利用束线绳将网格架挂在洗手间的挂物钩上。

3 然后将挂钩、挂篮等挂在网格架下方两侧。

4 最后将一些小物品挂在挂钩上即可。

小提篮收纳小物品

洗手间的清洁用品很多，大多都比较零碎，摆在一起会很凌乱。借助几个小提篮，就可以让洗手间的空间看起来错落有致。

步骤
Steps

1 可以将小提篮放在马桶水箱上方，收纳一些大容量的洗发水等。

2 也可以把小提篮挂在悬挂毛巾的毛巾杆上，收纳一些沐浴用品。

3 在小提篮里装上盥洗用品，放在镜子旁，使用时也很方便。

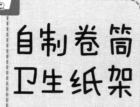

自制卷筒卫生纸架

厨房纸巾多半做成卷筒式，卷筒式卫生纸通常较抽取式卫生纸便宜，但卷筒式卫生纸不能没有纸架，否则用起来不方便。

步骤 Steps

1 准备衣架、饮料瓶、卷筒卫生纸轴等。先将衣架下方中间处剪断。

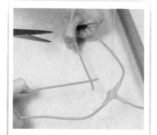

2 在三角形斜边由上而下约5厘米的地方，略往上弯，两边平行。

3 将饮料瓶洗干净，然后沿着瓶身剪开，使瓶底形成个"U"形的盖子。

4 然后把卷筒卫生纸轴和纸巾放进饮料瓶里。

5 再用锥子在塑料瓶底戳洞，大小可以让衣架穿过即可。

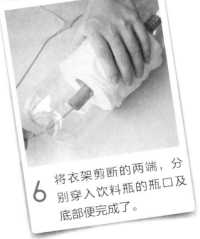

6 将衣架剪断的两端，分别穿入饮料瓶的瓶口及底部便完成了。

自制牙刷架

一家人的牙刷头靠在一起，很不卫生。只要借助一些简单的物品，就可以把牙刷分开，且不占用太多的空间。

步骤 Steps

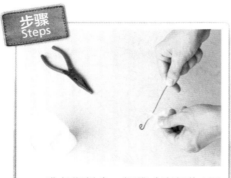

1 准备塑料盒、铝线（直径约1厘米）、吸盘、尖嘴钳。

2 将铝线的一端穿过吸盘，并绕成小圈，另一端把塑料盒绕紧。

3 将铝线尾端再穿过吸盘后方的洞口，然后把另一端也卷成小圈。

4 把吸盘挂在合适的位置上，高度可依据个人喜好而定。用该塑料盒放牙刷，牙刷就不会"亲"在一起了。

巧做衣架存放盒

一般情况下，我们习惯把衣架挂在晒衣杆上，悬挂在一起会给人杂乱的感觉。其实借助于旧纸盒，我们一样可以将衣架收纳得很整齐。

步骤 Steps

1 准备纸盒、挂钩、尺、刀、包装纸。

2 把纸盒沿对角线切开，取其中一个，切掉直角尖端。

3 然后在纸盒开口的同一侧水平位置上各戳一个小洞。

4 最后用包装纸把裁剪好的盒子粘贴起来，衣架存放盒即完成了。

CHAPTER 09

零星
物品的
收纳

旅行时衣服收纳法

出外旅行时，往往所带衣服较多，如何充分利用旅行包的有限空间将所需要的衣服全部收纳好呢？

步骤 Steps

1 质轻耐压的羽绒服可以放在旅行包的最上层，以固定下层物品。

2 贴身的衣服可以放在有拉链的收纳袋里。

3 用衣架两端撑住西装垫肩，可以减少褶皱，并预防变形。

办公室抽屉的间隔收纳法

办公室的抽屉一般都是底层很深，上面两层较浅，针对不同的空间特点，可以采取不同的收纳方法。

1 较浅的抽屉可用饼干盒隔出小块空间，放置扁、薄的物品。

2 最下层的大抽屉可放置各种大小的容器，如空杯子、饼干罐等。

制作票据收纳夹

单据一旦放乱，找起来很麻烦。借助几个简单的夹子和"S"形挂钩就可以轻松解决。

1 先把各种票据分门别类，用长尾夹夹好。再把夹子挂在"S"形挂钩上。

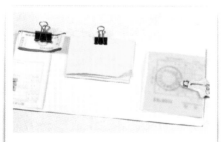

2 或是选择大小合适的硬纸板把票据分类，同类票据用小夹子夹在一起。

磁盘盒收纳小物品

空的磁盘放着浪费空间，丢了又觉得很可惜。不如将它好好利用，在办公室里收纳夹子、剪刀、文具等，很实用。

1 准备好磁盘盒、双面胶。如图所示，首先将磁盘盒拆分开。

2 然后将磁盘盒用双面胶粘在一起。

3 也可以只用1个磁盘盒来收纳办公室的小物品。

塑料袋的四方叠法

日积月累，家里购物后积攒的塑料袋非常多，很占空间，动动脑筋，让我们智慧收纳塑料袋吧。

步骤 Steps

1 首先把塑料袋由底部向上对折，然后再对折1次。

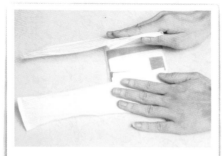

2 将塑料提袋的两边各向内折1次。

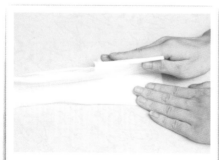

3 将向内折好的塑料袋再对折叠在一起。

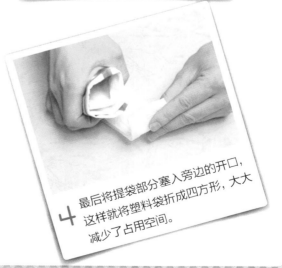

4 最后将提袋部分塞入旁边的开口，这样就将塑料袋折成四方形，大大减少了占用空间。

塑料袋变身蝴蝶结

前面介绍了"塑料袋的四方叠法"，现再介绍一种塑料袋的"美丽"收纳法。

1 首先将用过的塑料袋摊开，按照塑料袋本身的折痕将其抚平。

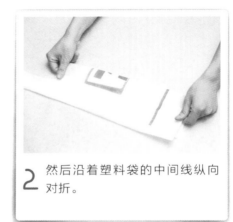

2 然后沿着塑料袋的中间线纵向对折。

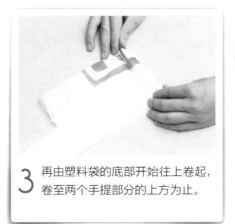

3 再由塑料袋的底部开始往上卷起，卷至两个手提部分的上方为止。

4 最后将手提部分交叉后反绕卷起的部分打个结即可。

饮料瓶变留言夹

利用饮料瓶做成留言夹，再加上几颗铃铛，还可以当风铃，为生活增添了几分乐趣。

步骤 Steps

1 准备一个600毫升的有盖饮料瓶，沿瓶口1/3处的地方割剪开。

2 在割开处缠上胶带做装饰；拿下瓶盖，并在上面打2个洞。

3 将绳子的一端穿过洞后打结，做成提梁，将另一端系上铃铛后，打结固定。

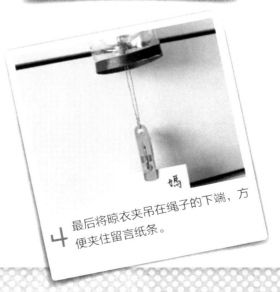

4 最后将晾衣夹吊在绳子的下端，方便夹住留言纸条。

奶粉罐变垃圾筒

宝宝喝完奶粉后，将空的奶粉罐加以利用，就可以做成垃圾筒，既简单又省钱。

1 首先将奶粉罐盖子的中间部分割掉，只留下边缘部分。

2 然后将塑料袋套在奶粉罐的里面，再把盖子盖上就变身垃圾筒了。

纸袋的变身术

逛街购物常会配有很多纸袋，不妨用变形的纸袋充当垃圾桶或衣物收纳袋吧。

1 在纸袋里面套上塑料袋就可以将纸袋当成垃圾袋来使用了。

2 将衣物卷起来垂直放入收纳，整齐且好辨认，纸袋还可以吸收水气。

可吊式包装盒

买了可爱的小饰品想送给好朋友一起分享，但是苦于没有合适的包装盒？这里教你一招！

步骤 Steps

1 先准备一个空烟盒，依照烟盒的大小，在包装纸上裁剪出合适大小的纸片。

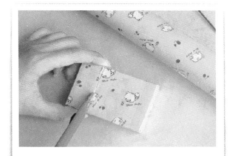

2 用双面胶将包装纸粘在盒上，再沿烟盒开口处在包装纸上割出开口。

3 最后用锥子在包装盒的两侧钻洞，然后将棉线穿入两个洞口即可。

巧用"H"形隔板

随手将小物品丢放在抽屉里，一旦拉开抽屉时，这些物品很容易变得杂乱无章。巧妙地运用"H"形隔板，就可以让物品待在原来的位置"不许动"。

步骤 Steps

1 测量好需要间隔的长度、宽度及抽屉的深度，然后在纸板上画好展开图。

2 在两侧各留3~5厘米做支架，把剪裁好的纸板对折，折出折痕。

3 然后在剪裁好的纸板的画线范围里粘上双面胶。

4 将双面胶粘好后，沿着折痕剪开到画线处，两边采用一样的剪法。

5 再将剪开的部分向外折叠，以固定隔板在抽屉里的位置。

6 最后将做好的"H"形隔板放进抽屉就完成了。

丝袜的再利用

家中少不了丝袜，丝袜很容易被刮破，但我们可以利用被刮破的丝袜当收纳小帮手。

1 将连裤丝袜腰部的松紧带剪下，可以当作绳子来捆绑旧报纸或杂志。

2 可以水洗的毛绒玩具。用丝袜套住玩具后再放入洗衣机清洗，避免洗坏。

巧用丝袜晒毛衣

毛衣的质料柔软，洗完后用一般的衣架晾晒会使毛衣变形，使用旧丝袜可轻松解决这一问题。

1 准备一些衣架、丝袜、衣夹。

2 将丝袜的两脚从毛衣头部套入，穿过两边的袖子，用夹子固定丝袜即可。

衣架变身晒袜架

有时候几天洗一次袜子，再多夹子的晒袜架都不够用，怎么办呢？

1 准备2个衣架、数个晾衣夹。

2 将2个衣架撑开成菱形。

3 再把夹子夹在其中一个衣架上面。

4 然后把2个衣架交叉穿起来。

5 把2个衣架的挂钩扭转90度，就能晾晒东西了。

6 将清洗干净的袜子或其他小物件挂在做好的袜架上即可。

用衣架制作清扫用具

空调上、冰箱下，容易累积很多灰尘，打扫起来比较困难。如果用变形衣架制作清扫工具，就可以轻松解决这个难题。

步骤 Steps

1 准备衣架、长筒丝袜、毛巾，将衣架沿着挂钩部分拉成长方形。

2 将拉长的衣架包裹在对折的毛巾里（毛巾按照衣架宽度折叠）。

3 用一只长筒丝袜套在卷好毛巾的衣架上。

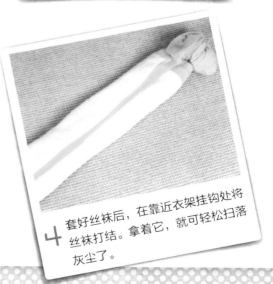

4 套好丝袜后，在靠近衣架挂钩处将丝袜打结。拿着它，就可轻松扫落灰尘了。

不起褶皱的衣架

长期吊挂在衣架上的衣物，经常会产生极深的折痕。只要动手将家里的废物加以利用，即可让心爱的衣物不再产生褶皱。

步骤 Steps

1 将卫生纸卷筒或保鲜膜卷轴按合适尺寸裁切，沿纵轴用剪刀剪开。

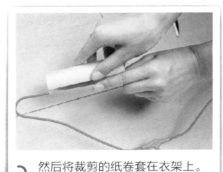

2 然后将裁剪的纸卷套在衣架上。

3 最后将纸卷轴的裁切处用胶带粘贴起来，不起褶皱的衣架就完成了。

罐子变
笔筒

动动手，即可将吃完的薯片罐做成漂亮的笔筒，既省钱，又能废物利用。

步骤
Steps

1　取合适的高度，把薯片罐上面的部分裁切掉。

2　然后用包装纸将留取的薯片罐包装起来，并用双面胶粘好。

3　最后将缎带系在包好的笔筒上，一个漂亮的笔筒就诞生了。

巧用网架收纳工具

剪刀、锤子、钳子等放在抽屉里找起来很麻烦，若能挂放在固定处，节省空间又方便拿取。

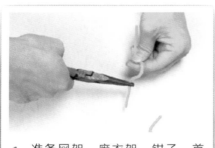

1 准备网架、废衣架、钳子。首先，把废衣架剪成适合的长度，并逐一做成"n"形。

2 把"n"形衣架挂在网架上，就可以挂工具了。

墙面纸巾抽取袋

纸巾放在桌子上非常占空间，如何节省空间，且方便抽取纸巾呢？

1 首先用刀将纸袋的侧面划一个类似纸巾盒开口大小的口。

2 然后将纸放进纸袋里，挂在墙上就可以抽取使用了。

橱柜的收纳术

橱柜中难免有被浪费的空间。怎样才能更有效地利用空间多收纳物品呢?

1 准备隔板、2张CD盒。首先分别将2张CD盒靠着橱柜壁竖立起来。

2 然后将隔板放在2张CD盒的上面,这样就形成双层柜子了。

文件收纳架

借助于2个"L"形书架和双面胶,就能将文件收纳盒、书架组合在一起。

1 将双面胶分别粘在其中一个"L"形书架的正面和另一个的背面。

2 然后将两个"L"形书架面对面地放在文件收纳盒旁边即可。

衣架变抽取式纸巾架

衣架的用处很多，不仅仅可以用衣架做滚筒纸巾架，还可以做成抽取式纸巾架。

1 首先将衣架三角形的地方尽量拉开，形成长方形。

2 以衣架钩为中心，在左右两边4厘米处用钳子向下凹折约135°。

3 根据纸巾盒的宽度在衣架上标记一下长度。

4 再将做记号的地方向上弯折约135°，纸巾架就完成了。

网格架做成晒衣网

几个不同规格的网格架，在巧妙的构思下，用束线带把它们连接起来，就成了一个具立体感的整体。这样组合而成的网格架可以用来做晒衣网。

步骤
Steps

1 首先，准备一些束线带，然后将其逐个连接起来呈锁链状，共做4条。

2 用4条束线带连接好两片网格架的四角。

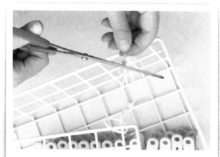

3 用束线带将晒衣夹固定在下层的网格上，再剪去多余部分。

4 拿起网格架的中心点，就可以看出完成的上、下2层晒衣网。

CHAPTER 10

食材处理大挑战

切开的洋葱巧保鲜

作为配菜的洋葱一次使用不完，剩余的洋葱容易流失水分，不易保鲜。

步骤 Steps

1 将洋葱对半切开。

2 将切开的洋葱放在盘中，切开的部位贴着盘底。

3 然后在洋葱上面盖上玻璃杯或用保鲜膜包好，即可保鲜。

蛋糕短期保鲜窍门

早餐剩下的蛋糕，夏天放几小时就会变质，除存入冰箱外，还有个可短期保鲜的小窍门。

步骤 Steps

1 把蛋糕与一片面包一起放在不透气的容器内。

2 随时查看，一旦发现面包变硬就另换一片新鲜的。

3 没有面包时，也可切几片苹果。

4 将苹果放入装有蛋糕的密闭容器里，效果一样。

半个冬瓜巧保存

家里的冬瓜只吃了一半，剩下的半个却不知道如何保鲜。下面的方法能够使半个冬瓜保存4天左右。

1 取出已经切开的半个冬瓜。

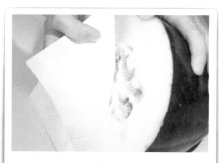

2 取一张与剖切面差不多大小的白纸（或保鲜膜）贴在上面，用手压紧。

3 将贴好纸的冬瓜放置阴凉处或冰箱内，可延长保鲜时间。

保存
香肠的
窍门

香肠味美可口，但是有些未经密封包装，就不容易保存了。

步骤
Steps

1 准备一个密封容器和少量白酒，然后在香肠表面抹上一层白酒。

2 将香肠放入准备好的容器中密封，置于阴凉通风处即可。

3 过数天再拿出来食用时，香肠依然新鲜美味。

检验蜂蜜的质量

常有商家贩卖不纯的蜂蜜。该如何辨别蜂蜜中是否掺有饴糖？

1 取出少许蜂蜜。

2 加4倍的冷开水稀释，搅拌均匀，然后慢慢滴入酒精。

3 如有许多絮状物产生，则表示蜂蜜里掺有饴糖，不纯。

储存马铃薯的窍门

怎样保存马铃薯，才会使其长久保鲜且不发芽呢?

1 将马铃薯放在纸箱中。

2 放入几个未成熟的苹果。苹果在成熟的过程中散发出的乙烯气体可使马铃薯长期保鲜。

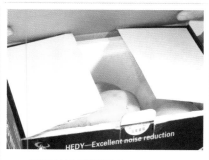

HEDY—Excellent noise reduction

3 最后封好纸箱即可。

冰箱巧存莴笋

莴笋削皮后很容易因氧化而变色，影响美观。

步骤 Steps

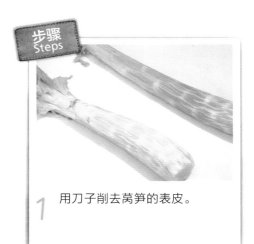

1 用刀子削去莴笋的表皮。

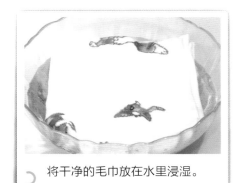

2 将干净的毛巾放在水里浸湿。

3 把湿毛巾铺在冰箱里，再将莴笋放在上面，即可保护莴笋不被氧化。

储存西红柿的窍门

西红柿很难长时间保鲜，若用以下的方法可储存1个月以上。

步骤 Steps

1 将表皮无损伤的五六成熟的西红柿装入塑料袋中。

2 扎紧袋口，放置在阴凉通风处保存。

3 每天打开袋口5分钟，同时擦去塑料袋内壁上的水气，再扎紧袋口。

巧存蜂蜜

成熟度不高、密度低的蜂蜜经长时间的放置,很容易变质。用以下方法能使蜂蜜长久储存而不影响其口感。

步骤 Steps

1 将新鲜生姜切成片。

2 依照1000毫升蜂蜜内加2小片生姜的比例,放入干净的玻璃瓶。

3 将玻璃瓶密封,放阴凉处储存。

枯萎蔬菜返鲜法

新鲜蔬菜枯萎后，丢掉可惜，有什么方法可以令其返鲜呢？

步骤
Steps

1　先在清水中倒入一些食用醋。

2　将蔬菜浸泡于被稀释的醋水里。

3　醋水可以通过细胞膜渗透到细胞内，可保持蔬菜质地脆嫩。

鸡蛋保鲜的窍门

鸡蛋放置在空气中很容易附着细菌，使鸡蛋不新鲜或变质。

1 首先取少许鸡蛋和食用油。

2 然后在鸡蛋的表面均匀涂上食用油。

3 这样可以防止蛋壳内二氧化碳和水蒸发，并能阻止细菌侵入。

小黄瓜巧保鲜

　　小黄瓜在室温下久置，水分很容易流失。用以下方法保存小黄瓜，在18～25℃的温度下可保鲜20天。

1　首先在水里加入少许食盐。

2　把小黄瓜浸泡在盐水中，就可以保持小黄瓜的新鲜。

豆腐保鲜法

　　不含防腐剂的豆腐，放久了容易变质、酸掉，不易保存。

1　取一盛满水的大碗，加入少许食盐。

2　将豆腐切成大小一致的小块，放入盐水中浸泡即可。

苹果的保存诀窍

怎样保存，才会一年四季都能吃到新鲜的苹果？

步骤 Steps

1 将成熟的苹果在3%～5%的食用盐水中浸泡5分钟后，捞出晾干。

2 选用清洁的纸箱或木箱，在箱底和四周铺上2层干净的纸。

3 将5～10个苹果装入食品塑料袋中，一层一层装满箱子。

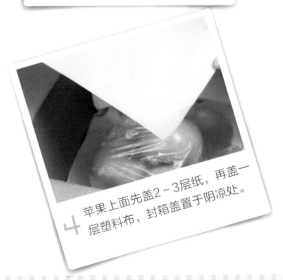

4 苹果上面先盖2～3层纸，再盖一层塑料布，封箱盖置于阴凉处。

碳酸饮料怎样保存

碳酸饮料开瓶后容易分解成二氧化碳和水，尽管拧紧瓶盖，也会因其中气体漏出而使口感变差。

步骤 Steps

1 大瓶装的可乐、雪碧等碳酸饮料，开启后一时未饮用完。

2 拧紧瓶盖后将其倒置，即口朝下，可使其保鲜时间延长。

3 或用手将瓶子挤压，等碳酸饮料达到瓶口时马上盖上盖子。

花生米
保脆的
秘诀

炸好的花生米接触到空气，时间一久容易潮湿、变软，影响口感。

步骤 Steps

1 花生米在油里炸熟后，立即捞出装进盘里，趁热洒上少许白酒。

2 然后用筷子将花生米和白酒搅拌均匀。

3 待略为晾凉，撒上少许食盐拌匀即可。

巧存韭菜

韭菜在空气中容易枯萎变黄。若韭菜的量较少，用大白菜帮将韭菜裹严，可延长韭菜的保鲜期。没有大白菜时用卷心菜亦可。

步骤 Steps

1 取一棵有心的大白菜，用菜刀在大白菜的根部切挖1个洞，将白菜心挖出。

2 将吃不完的韭菜折好后放入白菜内。

3 用挖出的白菜心将切口盖好，可使韭菜保持鲜味达2周之久。

香蕉
保鲜法

成熟的香蕉，若保存不善，没几天就会变坏或者变黑。

1 将香蕉放在食品包装袋或无毒塑料薄膜袋内。

2 然后将袋口打结扎紧。

3 使袋口不透气，则香蕉可保鲜1周以上。

柑橘巧保存

柑橘长时间暴露在空气中，表皮很容易脱水。可用以下方法处理，成本低，效果好。

步骤
Steps

1 取新鲜柑橘、小苏打粉。

2 把新鲜的、无碰伤的柑橘放入小苏打水溶液中浸泡1~2分钟。

3 把柑橘取出晾干后装入塑料袋中，扎紧袋口，置于阴凉处。

酱油的保存

酱油开瓶后久置不用，长时间与空气接触，容易变质、变酸，也可能丧失风味。

1 先将酱油煮沸，待冷却后再装入酱油瓶内。

2 再滴入几滴白酒。经这样处理后，酱油干净卫生且存放时间长。

番茄酱怎样保鲜

开瓶后的番茄酱不易保存，即使放在冰箱里也很容易变质。

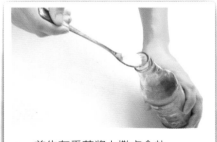

1 首先在番茄酱上撒点食盐。

2 再倒点食用油，放进冰箱里保存，因为盐和油可以抑制细菌繁殖。

西瓜保鲜法

西瓜表皮容易被细菌侵蚀，导致西瓜腐烂、不新鲜。

步骤 Steps

1 将食盐倒入水中，调制成大约30%的盐水溶液。

2 将六七成熟的西瓜放入盐水中2~3天取出，西瓜表皮形成防腐保护膜。

3 吃剩的西瓜皮，涂在用盐水浸过的西瓜表面可加强防腐保鲜作用。

剥核桃的技巧

给核桃去壳时，很容易将核桃仁一起打碎，无法保持核桃仁的完整。

步骤 Steps

1 将核桃放在蒸笼内，用大火蒸10分钟。

2 取出后迅速放入冷水中浸泡。

3 3分钟后逐个破壳，即可获得完整的核桃仁。

4 用手轻轻捏一下，可以很容易地将核桃仁表皮剥下。

巧让贝类吐泥沙

贝类既好吃又有营养，但若泥沙吐不干净，食用时会影响口感。

1 在放养贝类的水中滴入几滴香油。

2 贝类就会很快吐出泥沙了。

巧剥大蒜

大蒜可以增加食物的香气，但是皮很难剥，有什么妙计？

1 把大蒜装入塑料袋里，抓紧袋口，稍微用力摔打一会儿。

2 再揉搓几分钟，即可轻松剥掉大蒜皮。

轻松切咸鱼干

咸鱼干质地坚硬，烹煮时很难改刀。

1 咸鱼一般干质地坚硬，用普通的切法很难操作。

2 可在刀刃上涂些生姜汁和麻油。

3 再切时，即使再硬的咸鱼干也能顺利切断。

用削皮刀削马铃薯皮，总是觉得削得太厚。
有什么去皮的好方法？

1 将马铃薯表面用刀划一圈。

2 把马铃薯放在盛满冰块的水里浸
泡10分钟。

3 然后把马铃薯拿出来放进热水里
浸泡10分钟。

4 用手轻轻一剥，马铃薯皮就会掉
下来了。

新法制作咸鸭蛋

　　用盐水浸泡法做咸鸭蛋，时间越长，蛋会越咸，以致后来无法入口。依据下法做的咸鸭蛋，有浓郁的香味，且蛋黄颜色鲜艳、味美可口。

步骤 Steps

1　选择新鲜鸭蛋，用冷开水洗净表面，擦干。

2　将鸭蛋放在白酒中浸泡片刻后捞出。

3　将鸭蛋表面均匀地涂上盐，放入塑料中密封，置于常温下10天后即可食用。

巧洗葡萄

残留在葡萄上的农药很难清洗干净，按照以下方法洗出来的葡萄既方便又干净卫生。

步骤
Steps

1 取葡萄和一些面粉。

2 在一盆清水里先放入少许面粉。

3 将葡萄放入其中轻轻捞洗，然后用清水冲洗。

4 稍稍沥干水后，装入盘中。

巧去苦瓜的苦味

直接炒出来的苦瓜，味道太苦了，难以下咽，怎样才能降低苦味？

1 取出苦瓜籽，并把苦瓜切成片。

2 加入少许食盐拌均匀，稍腌片刻。

3 用冷水稍加清洗。

4 放入锅中炒食，即可减轻苦味。

食用油如何增香

用食用油炒菜，觉得香味不够，有什么秘诀可以增加食物香气？

1 为了增加食用油的香味，可把油倒在锅里加热，并加入花椒。

2 再加入茴香用微火稍微炸一炸，油冷却后装入清洁的容器中备用。

保存鲜草菇的小窍门

鲜草菇若长时间置于空气中容易氧化，影响新鲜度。

1 将鲜草菇用清水洗净后，放入1%的盐水中浸泡10~15分钟。

2 捞出沥干水分，装入塑料袋后，可保鲜3~5天。

巧除鲤鱼腥味

烹制鲤鱼前，如果不先加以处理，成品的腥味会很大，影响口感。

步骤
Steps

1 将鱼头的下部用刀划一刀。

2 找到白筋后，用手捏住，抽出来。

3 白筋抽掉后，烹制出来的鲤鱼就不会有很重的腥味了。

宰杀鱼的窍门

只要掌握了窍门，杀起鱼来会又快又干净，再也不觉得杀鱼是一件麻烦的事。

步骤 Steps

1 将活鱼从鳃边用刀划一刀，放出鱼血。

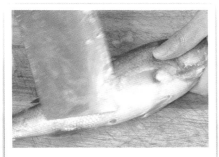

2 将鱼身上的鳞用刀细心刮干净。

3 用刀划开鱼肚，仔细去除内脏。

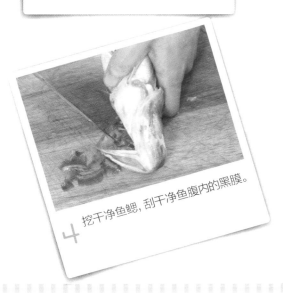

4 挖干净鱼鳃，刮干净鱼腹内的黑膜。

185

吃桃子怎样去毛

桃子皮上有一层茸毛，用清水洗或用毛巾擦拭，都不容易去掉。

步骤
Steps

1 在冷水中放入少量食盐拌至溶化。

2 把桃子放入盐水中浸泡几分钟。

3 然后将桃子取出，轻轻一擦，就能将茸毛擦干净了。

4 而且因为盐的作用，桃子的味道会更清香甜脆。

生板栗的去皮法

板栗是制作菜肴的材料，但是去皮很不容易。用下法去皮时要注意：板栗在温开水中浸泡时间不宜过长，以免损失板栗的营养成分。

步骤 Steps

1 先将板栗除去硬壳。

2 将去壳板栗放入温开水中浸泡5分钟，然后趁热捞起板栗。

3 用手搓揉，就可很容易去除板栗皮了。如待板栗冷却后再撕，板栗皮又会与板栗肉紧贴在一起。

猪腰如何
去异味

猪腰子的臊味很重。经过下面步骤处理过的猪腰子，炒起来再不会有异味。

1 先将猪腰子洗干净，从中间横向切开。

2 用刀尖将猪腰子里面的白筋仔细剔去，以免影响烹煮味道。

3 将猪腰子放进水中，反复用手挤捏，最后将内部的血水清洗干净。

巧剥
西红柿皮

西红柿的皮很不容易去掉。按下面这样做，剥出来的西红柿既光滑又不粘肉，可以保持果实的完整性。

步骤
Steps

1 用刀子将西红柿的皮轻轻割开成橘瓣状。

2 将西红柿放入沸水中，水要淹过整个西红柿，放置40～60秒。

3 捞出西红柿放入冷水中，冷却后就可以轻而易举地把皮剥掉了。

削芋头
手不痒

芋头营养又好吃，但是在用手削皮的过程中，会出现手痒难忍的情况。怎么做才可以改善？

步骤 Steps

1　可先在水盆中倒入一些食用醋。

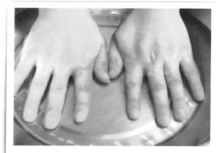

2　把手放在里面浸泡几分钟。

3　再在火上稍微烤一烤，就可以消除手痒的感觉了。

柳叶形刀法的技巧

煮鱼时，用刀在鱼肉上面划柳叶形刀纹会更入味。

步骤 Steps

1 新鲜鱼除去鱼鳞后，用直刀剞的刀法，先在鱼身的中央剞1条直的直刀纹。

2 沿着直刀纹向背部剞3条斜的直刀纹，刀纹间的距离为2厘米。

3 再沿着鱼身中央的直刀纹，向腹部剞3条略带弯曲的直刀纹。

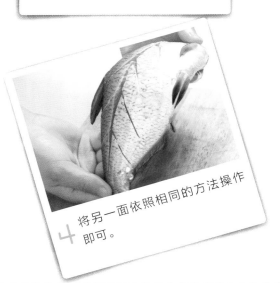

4 将另一面依照相同的方法操作即可。

麦穗形刀法的技巧

烹饪鱿鱼、墨鱼、猪腰子或猪里脊肉时，会用到麦穗形刀法。用此刀法炒出来的鱿鱼卷不仅外形漂亮，而且又脆又爽口。

1　取出鱿鱼并且清洗干净。

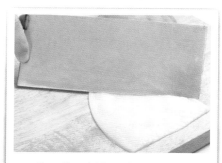

2　先用推刀剞的刀法，在原料上剞成一条条平行的斜刀纹。

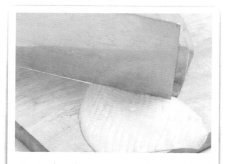

3　用直刀剞的刀法，剞成一条条与斜刀纹呈直角相交的平行直刀纹。

4　然后切成宽度约2厘米的长方块，经过加热就能卷曲成麦穗状了。

松鼠形刀法的技巧

烹饪黄鱼、鳜鱼或青鱼时，会用到松鼠形刀法。

步骤 Steps

1 将新鲜鱼清洗干净，去鱼头、鱼骨。离鱼尾约3厘米处不要切开。

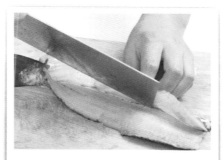

2 以拉刀剞的刀法，将鱼肉剞成平行的斜条纹，间隔距离为3厘米。

3 以直刀剞的刀法，剞成与斜条纹呈直角相交的纹路，间隔约1厘米。

4 将鱼尾从鱼肉中间翻穿过来，即成为松鼠状。

菊花形刀法的技巧

烹饪鸡胗、鲍鱼、青鱼或黑鱼时，常常会用到菊花形刀法。只需几个简单步骤就能轻松掌握了。

步骤 Steps

1 新鲜鱼去除鱼骨，剔除鱼刺，再切成厚片。

2 用直刀剞的刀法，将鱼片剞成一条条的直刀纹，间隔为1厘米。

3 用直刀剞的刀法，再剞成一条条与直刀纹呈直角相交的纹路。

4 然后将鱼片翻身，剪成正方块放入碗中，加料酒和食盐腌制入味。

5 均匀将鱼肉裹上淀粉。

6 经过加热，鱼肉就能卷曲成菊花状了。

轻松刮除鱼鳞

去除鱼鳞时，很容易把厨房弄得到处都是鱼鳞，清扫起来很麻烦。有没有妙计可以解决这个困扰呢？

步骤
Steps

1 将鱼洗净后装在保鲜袋里，用刀背均匀地拍打鱼的两侧。

2 逆着鱼鳞方向就可轻松刮下鱼鳞。再将鱼从袋中拿出，去除内脏，清洗干净即可。

3 这样处理就不会使鱼鳞溅得到处都是，免除了整理厨房的麻烦。

CHAPTER 11

巧手烹调秘诀

使玉米水嫩味美

购买的熟玉米吃起来水嫩新鲜，自己煮出来的玉米口味却相差很远。用下面这个窍门可以使煮熟的玉米在1个小时左右能保持新鲜不干瘪。

步骤 Steps

1 把玉米剥去皮后洗干净。

2 将玉米直接放入锅里用冷水煮，等水烧开后约煮5分钟就熟了。

3 从锅里捞出玉米后，马上放入冰水里浸泡1分钟后捞出即可。

炒米线的技巧

米线价廉物美，四季皆宜，怎样才能炒出色、香、味俱全的米线？

步骤 Steps

1 将米线下入沸水中，煮至九成熟，见米粉略有膨胀时捞出。

2 用冷水冲洗，这样可以减少米线之间的粘连。

3 炒锅加油烧热，放入肉丝、姜丝、红椒丝煸炒，淋些米酒。

4 配料七成熟时加入米线，米线熟时加入味精、葱花，即可装盘。

巧制 韩国泡菜

韩国泡菜味美又开胃，怎样才可以用简单的方法做出好吃的韩国泡菜？

步骤
Steps

1 大白菜劈成几大瓣，加入一匙半的食盐，放置10分钟后用力搓干它。

2 将白菜汁液略为滤干，留下大约可没过菜的汁液再腌一会儿。

3 加辣椒末、蒜末、葱段、姜末、3大匙糖与盐、少许味精用力揉。

4 把白菜放到容器中，压紧、盖严，大约2个小时后即可食用。

巧炒美味洋葱

洋葱味道甜美、营养丰富，怎样烹炒可以使它色泽漂亮、质地脆嫩呢？

步骤
Steps

1　首先，将洋葱洗净后切丝。

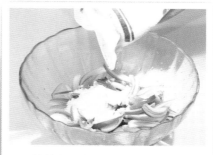

2　接着在洋葱上面撒少许面粉，并且拌均匀。

3　入锅炒，加少许白葡萄酒，这样炒出的洋葱色泽金黄、质地脆嫩。

炸花生米的好方法

花生米怎样炸才会松脆可口？按照下面的方法炸出的花生米，粒大完整、色泽鲜艳、松脆可口。

1 将花生米洗净后，放在水中浸泡数小时。

2 将花生米捞出沥干水分，以免湿花生米下锅造成热油喷溅。

3 入油锅炸，炸至快熟时迅速收火，改用小火将花生米炸脆。

巧烹干贝

烹饪干贝时，如果方法不适当，会使干贝的口感较老。下面的做法可使干贝内部的水分损失少，吃起来更为嫩滑。

步骤 Steps

1 将干贝洗净后，用毛巾吸干水分。

2 放少许食盐、蛋清及面粉拌均匀，然后放入冰箱里静置1小时。

3 将备好的干贝分散下入沸水中，烫熟后捞出，沥去水分。

4 烹煮时，适当勾芡后再放入干贝稍加翻炒即成。

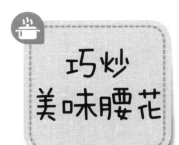

巧炒
美味腰花

腰花营养丰富，但是烹煮前如果没有先处理过，会影响口感。怎样炒才爽口、好吃？

步骤 Steps

1 首先将腰花切成适合的大小。

2 加入少许白醋。

3 加入适量清水，并浸泡10分钟。

4 不久之后，腰花会膨胀，捞出控净血水，炒熟后即会洁白爽口。

巧做酸菜
肚片汤

如何做出既开胃又健脾的酸菜肚片汤呢?

步骤
Steps

1 先将猪肚清洗干净,放入热水中
略烫一下,再切成片状。

2 把酸菜叶、梗切成小段,如叶片
过厚,再切成2片。

3 锅中入高汤煮开,加入肚片、酸
菜、食盐、味精,改小火煮15分钟。

4 见肚片酥软,即可熄火盛盘,淋上
麻油,味道更香。

巧分蛋清与蛋黄

烹饪时有时要分别使用蛋清和蛋黄。如何才能轻松、简单地把蛋黄与蛋清分离？

1 取出一张干净的白纸，折成漏斗状。

2 然后把折成漏斗状的纸放在玻璃杯里面。

3 将鸡蛋打入漏斗里，蛋清会流入杯中，蛋黄则留在漏斗里了。

如何炒丝瓜不变色

炒丝瓜不宜加入酱油和豆瓣酱等口味较浓、色泽较重的调料。丝瓜切好后，即使马上入锅炒，还是很容易变色，怎样才能避免？

步骤 Steps

1 刮去丝瓜外面的老皮后，用清水洗干净。

2 将丝瓜切成小块状。

3 烹调时滴入少许白醋，可保持丝瓜的青绿色泽和清淡口味。

巧煮面条有弹性

黏糊的面条吃起来既没有咬劲儿，又影响口感，怎样才能煮出又香又有弹性的面条呢？

步骤 Steps

1 煮面条时，可先在锅中滴入少许油。

2 再将面条散开放入沸水中，煮熟后捞起。

3 这样煮出来的面条就不容易煮黏糊，而且又香又有弹性。

除去肥肉油腻法

很多人喜欢吃肥肉，但又觉得太油腻。用下面这种方法烹煮的肥肉吃起来不油腻，而且鲜美可口。

步骤 Steps

1 先把肥肉切成适合的薄块。

2 肥肉加入调料腌制后入锅炖煮，直到锅内水沸腾。

3 将少许豆腐乳搅成糊状后倒入锅里，再炖3~5分钟即可。

巧炸鹌鹑蛋

用油炸鹌鹑蛋时，有什么方法使其既保留营养，又香嫩可口？按照下法即可做出外酥里嫩又别具风味的鹌鹑蛋。

1 首先，将鹌鹑蛋洗干净，放入锅内蒸熟。

2 接着把鹌鹑蛋放入冷水冷却，并且去壳。

3 将鹌鹑蛋裹上淀粉，以中火温油炸至表面成金黄色后捞出。

4 热锅先加入料酒、高汤、糖和胡椒粉勾芡，再放入鹌鹑蛋煮入味即可。

测试油温的方法

烹饪时，锅中油温到底有多高，很难用眼睛直观判断。

1 先将油倒入锅里烧热。

2 再放入葱段测试，若葱段浮起，即表示油温够热。

黏性食品切割窍门

切有黏性的食品时，刀刃上常常沾满了这些食品，清洗非常不方便。

1 切有黏性的食品（如豆腐）时，可以先用刀切几下胡萝卜。

2 再切黏性食品，便可切得十分整齐，保持食材的完整性。

鸡肉过油的技巧

怎样过油才可以使鸡丁又香又脆，让人越吃越爽口？

1 将鸡肉洗干净，切成丁。

2 放入适量的调味料，将鸡丁稍微腌一会儿。

3 锅中倒入适量的油烧热后，放入腌好的鸡丁，用筷子将其拨散。

4 熄火，让鸡丁在热油中浸泡5分钟，至半熟时捞出，沥干油分。

炸馒头省油的窍门

馒头极易吸油，怎样才能炸出酥脆又省油的馒头呢？依下面的方法炸出的馒头片颜色金黄、外焦里嫩、香脆可口，而且耗油量大大减少。

步骤 Steps

1 将每个馒头表面用刀浅划两刀。

2 准备一碗冷开水，把馒头放入用水浸一下，沥干待用。

3 将馒头一个个放入油锅，炸至表面呈金黄色后捞出。

马铃薯变脆的妙招

马铃薯含丰富的淀粉，怎样炒才会使其清脆爽口？按照下面这样的方法炒出来的马铃薯丝，绝对不黏不糊，且清脆爽口。

1 先将马铃薯洗干净后，去皮切成细丝。

2 将马铃薯丝放入冷水中，约浸泡1小时后捞出，并且沥干水分。

3 下油锅快速爆炒，加入适量醋、食盐、糖，七八成熟时起锅。

巧煮牛奶不粘锅

　　煮牛奶时，很容易发生粘锅底的情况。怎样才能避免这种情况？

1 把煮牛奶的锅用冷水涮一下，锅不要擦干，将牛奶倒入锅内煮。

2 这样煮牛奶时，就不会有粘锅底的情形了。

怎样炒肉才不粘锅

　　肉类在温油里预热，其表面的蛋白质和沾裹的淀粉会逐渐受热而舒展开，这时投入配料、调料同炒，就不会粘锅了。

1 将炒锅在大火上烧热后倒入冷油，迅速涮一下倒出来。

2 把锅置大火上，重新放入适量的冷油，放入备好的材料快速翻炒。

食材切丝技巧

别人将食材切丝时，能切得均匀美观，自己却怎么也切不好，其中有什么秘诀吗？

步骤 Steps

1 把食材切成厚薄一致的片状。

2 将食材一片一片推放整齐。

3 蔬菜用直刀法，肉类则用斜刀法，将片切成丝即可。

食材切片技巧

将食材切成完整的片状着实不易。有什么秘诀呢?

步骤 Steps

1 将食材切成四角整齐的形状。

2 左手按住食物,右手持刀,由上向下将食物切到底。

3 将食材切成厚度一样的片状就可以了。

炒菜防溅油

炒菜时，锅中的油有时会四处乱溅，很容易将人烫伤。有什么简单的方法可以解决这个问题呢？

1 锅内加入炒菜的油。

2 在热油中撒入少许食盐，油溅出锅外的几率就可以大大减少了。

炒青菜脆嫩法

饭店里炒出的青菜总是翠绿鲜亮，自己却炒不出来。依照下列方法，炒出的青菜就会脆嫩鲜亮了。

1 将青菜洗净切好后，撒上少量食盐拌均匀，稍腌几分钟。

2 沥干青菜水分，然后下锅快炒。

做鸳鸯锅的窍门

火锅底料可不只是火锅店的专属，你也可以在家制作。掌握鸳鸯火锅底料的炒制方法，即可在家享受美味。

步骤 Steps

1 炒锅内放入牛油，加入姜、大蒜炸至金黄色，再加入豆瓣酱炒至油呈红色。

2 再加入辣椒干、花椒翻炒，加入高汤，调味，即成红汤。

3 将高汤倒入锅内调味，加入葱段、西红柿、姜片即成白汤。另一边倒入红汤，即成鸳鸯锅。

厨具清洁
妙妙妙

巧除厨房地面油污

厨房地面不小心沾上了油污，很难清洗。按下面这种方法刷出来的地面可光洁如新。

步骤 Steps

1 将适量面粉撒在油污上。

2 几分钟后把面粉擦干净。

3 再用清洁剂擦拭地面即可。

妙法清洗油瓶

装油的瓶子用久了，会积上一层油垢，还会有一股异味。巧妙利用鸡蛋壳，清洗油瓶简单易行。

步骤 Steps

1 取一些鸡蛋壳，捣碎，放入油瓶中。

2 油瓶中加入少量温水。

3 盖紧瓶塞，上下摇晃1分钟左右，倒出蛋壳，用清水冲洗几次即可。

巧保铁锅光泽

铁锅沾满了油垢，却不知道如何去除？经常用碱水刷锅，可以保持铁锅的光泽。

1 铁锅里容易积油垢，这时可以先用钝器把油垢铲掉。

2 因为铁生锈和酸碱度有关，所以可经常用浓热的碱水洗刷铁锅。

苹果皮巧擦铝锅

铝锅内积满了污垢，如何去除干净？可试试下面的方法。若没有苹果皮，可改用柠檬皮或橘子皮。

1 将苹果皮放入锅内，加少量清水煮沸。

2 滤去水，用苹果皮擦洗铝锅，由于果酸的作用，铝锅污垢会很容易被除去。